河北省耕地地力评价与利用丛书

河北省唐山市耕地地力评价与利用

王素华　刘建玲　张树明◎主编

U0313400

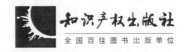知识产权出版社

全国百佳图书出版单位

图书在版编目（CIP）数据

河北省唐山市耕地地力评价与利用／王素华，刘建玲，张树明主编．—北京：
知识产权出版社，2016.5
　（河北省耕地地力评价与利用丛书）
　ISBN 978 - 7 - 80247 - 936 - 4

　Ⅰ．①河…　Ⅱ．①王…②刘…③张…　Ⅲ．①耕作土壤—土壤肥力—土壤调查—
唐山市②耕作土壤—土壤评价—唐山市　Ⅳ．①S159.222.4②S158

中国版本图书馆 CIP 数据核字（2016）第 053973 号

内容提要

本书是依据耕地立地条件、土壤类型和理化性状等对唐山市耕地地力的综合评价，是全国测土配方施肥工作内容之一。全书系统阐述了唐山市农业生产概况、耕地立地条件、耕地土壤属性、中低产田改造等内容，阐述了耕地土壤有机质、全氮、有效磷、速效钾、有效铜、有效铁、有效锰、有效锌等土壤养分状况与变化，氮、磷、钾在玉米、水稻等作物上的产量效应，土壤供氮、磷、钾的能力以及作物持续高产下的氮、磷、钾肥料的推荐用量。书中将唐山市农田土壤养分现状与第二次土壤普查相应县（市）的土壤养分结果做了详细对比，便于读者了解 30 年来唐山市土壤养分时空变化以及农业生产活动对耕地地力的影响。

本书主要涉及土壤、肥料、植物营养等学科内容，可供农业管理人员及土壤、肥料、农学、植保等专业的院校师生阅读和参考。

责任编辑：范红延　　　　　　　　责任校对：董志英
封面设计：刘　伟　　　　　　　　责任出版：孙婷婷

河北省耕地地力评价与利用丛书
河北省唐山市耕地地力评价与利用
王素华　刘建玲　张树明　主编

出版发行：知识产权出版社 有限责任公司　　网　　址：http://www.ipph.cn
社　　址：北京市海淀区西外太平庄 55 号　　邮　　编：100081
责编电话：010 - 82000860 转 8026　　　　　责编邮箱：1354185581@qq.com
发行电话：010 - 82000860 转 8101/8102　　发行传真：010 - 82000893/82005070/82000270
印　　刷：北京中献拓方科技发展有限公司　经　　销：各大网上书店、新华书店及相关专业书店
开　　本：787mm×1092mm　1/16　　　　　印　　张：14
版　　次：2016 年 5 月第 1 版　　　　　　　印　　次：2016 年 5 月第 1 次印刷
字　　数：320 千字　　　　　　　　　　　　定　　价：89.00 元
ISBN 978 - 7 - 80247 - 936 - 4

本书编委会

主　编　王素华（唐山市土壤肥料站）
　　　　　刘建玲（河北农业大学）
　　　　　张树明（唐山市土壤肥料站）

副主编　廖文华（河北农业大学）
　　　　　张作新（唐山市土壤肥料站）
　　　　　高东彪（唐山市土壤肥料站）
　　　　　张凤华（河北农业大学）
　　　　　李贺静（唐山市土壤肥料站）
　　　　　高志岭（河北农业大学）
　　　　　李　彤（唐山市土壤肥料站）
　　　　　冯自军（唐山市农业技术推广站）
　　　　　韩　捷（唐山市土壤肥料站）
　　　　　于　瑛（唐山市土壤肥料站）
　　　　　白云燕（唐山市土壤肥料站）
　　　　　脱万亮（唐山市汉沽管理区农业技术服务中心）
　　　　　张永利（古冶区农林畜牧水产局技术站）

参加编写人员　（按姓氏笔画排序）

么永胜	马合军	马艳红	王立英	王志勇
王　岩	王　欣	王贵政	王洪波	王洪梅
王振秋	史昌勤	宁英达	刘志敏	刘宏宝
刘素玲	刘新光	孙丽清	芦秀云	杨　军
杨丽君	杨学益	李志田	李　钊	李晓军
李恩元	李彩云	李朝辉	李新伟	邱春莲
宋建坡	张　成	张　伟	张　芹	张丽超
张秀艳	张　倩	张雪梅	张　蔓	张翠英
郑广永	贾德强	徐桂香	高金平	黄欣欣
黄艳红	曹春雨	章丽娜	曾国强	臧春石

前　　言

　　土壤是发育在地球表面，具有肥力特征且能够生长绿色植物的疏松物质层，土壤由固、液、气三相组成，这三相物质是土壤肥力的物质基础。土壤肥力是土壤物理、化学和生物学性质的综合反映。土壤肥力分为自然肥力和人为肥力：自然肥力是指土壤在气候、生物、母质、地形和年龄五大成土因素综合作用下发育的肥力；人为肥力是指耕种熟化过程中发育的肥力，即耕作、施肥、灌溉及其他技术措施等人为因素作用的结果。土壤生产力是由土壤本身的肥力属性和发挥肥力作用的外界条件所决定的，因此土壤肥力只是生产力的基础而不是生产力的全部。

　　耕地是指种植农作物的土地，包括新开荒地、休闲地、轮歇地、旱田轮作地；以种植农作物为主，间有零星果树、桑树或其他树木的土地；耕种 3 年以上的滩涂和海涂。耕地中包括沟、渠、路和田埂（南方宽小于 1m，北方宽小于 2m），临时种植药材、草皮、花卉、苗木等的土地，以及其他临时改变用途的耕地。耕地地力受气候、地形、地貌、成土母质、土壤理化性状、农田基础设施及培肥水平等因素的影响，是耕地内在基本素质的综合反映，耕地地力体现的是土壤生产力。

　　耕地是农业生产最基本的资源，耕地地力直接影响到农业生产的发展，耕地地力评价是本次测土配方施肥工作的一项重要内容，是摸清我国耕地资源状况、提高耕地利用效率的一项重要基础工作。市域耕地地力评价是以耕地利用方式为目的，评估耕地生产潜力和土地适宜性，主要揭示耕地生物生产力和潜在生产力。本书是河北省唐山市市域耕地地力评价。由于市域气候因素相对一致，因此，市域耕地地力评价的主要依据是市域地形和地貌、成土母质、土壤理化性状、农田基础设施等因素相互作用表现出来的综合特征，以反映耕地潜在生物生产力的高低。

　　河北省唐山市的测土配方施肥工作始于 2005 年，2011 年 12 月完成了全部的野外取样和土壤样品分析化验工作。按农业部测土配方施肥工作要求，2005～2011 年 GPS 定位取土样点 5.6 万个，每个土壤样品分别测定了土壤 pH 值、有机质、全氮、有效磷、速效钾、缓效钾、有效铁、有效锰、有效铜、有效锌等技术指标。同时，每年分别在高、中、低肥力的土壤上完成小麦、玉米、水稻、棉花、花生的"3414"试验。本次耕地地力评价的主要数据来自测土配方施肥项目的土壤养分测试结果和"3414"田间肥料效应试验结果。

　　测土配方施肥工作涉及的土壤取样、分析化验、"3414"试验等工作均由唐山市各县市区农牧局完成。项目实施中得到了上级主管部门的关心和支持，为项目顺利完成提供各项保障。

　　河北农业大学受唐山市农牧局的委托，依据其提供的以下资料：本次测土配方施肥项目完成过程中获得的土壤养分测定结果、"3414"试验结果；第二次土壤普查的土壤资料；土地利用现状图、行政区划图等，完成了唐山市的耕地地力评价（2012年年底唐山市耕地地力评价已通过河北省农业厅土壤肥料总站验收，并报送农业部），组织撰写《河北省唐山市耕地地力评价与利用》书籍，便于读者了解30年来唐山市土壤养分的变化，书中对唐山市的土壤养分现状与第二次土壤普查的土壤养分测定结果做了详细对比，为科学管理土壤养分和确定合理施肥量提供参考。

本书撰写分工为：第一章、第二章、第三章、第六章和第七章的部分章节由王素华、张树明、冯自军、高东彪、张作新、李贺静、白云燕、李彤、于瑛、王欣等编写；第四章、第五章、第七章的第三节和第五节由刘建玲、廖文华、张凤华、王贵政等人编写，土壤养分图由刘建玲、王贵政、张凤华等完成；前言和第八章由刘建玲、王素华撰写；土壤养分及"3414"试验的数据统计由张凤华、张伟、黄欣欣等完成；全书由刘建玲统稿和定稿，并对第一章、第三章、第六章进行了修改和补充；全书由廖文华校对和编辑。

特别说明的是，根据农业部耕地地力评价的要求，书中第二章耕地地力评价的方法是采用农业部要求的统一方法。第一章、第三章涉及的唐山市气候特点、土壤类型、土壤母质等均引用了唐山市第二次土壤普查的土壤志和相关总结和数据材料，参考了河北省土壤志、河北省第二次土壤普查汇总材料等。在此，编委会向前辈们对土壤工作的巨大贡献表示由衷的敬意，向所有参加1978年土壤普查和本次测土配方施肥工作人员深表敬意。

本书各章节编排依据河北省土肥站提供模板，写作过程中得到了唐山市农牧局领导的大力支持和河北省土壤肥料总站等省、市级领导的指导，在此深表谢意。本书的出版得益于知识产权出版社范红延女士的大力支持，她在本书的编辑和优化上花费了大量的心血，在此致以诚挚的谢意。

由于写作时间仓促以及编者学识水平所限，书中难免有不足之处，敬请各级专家及同仁提出意见和建议。

编　者

2015 年 12 月

目　　录

第一章　自然与农业生产概况

第一节　自然概况

一、地理位置与行政区划

（一）地理位置

唐山市位于河北省的东北部，地理坐标为东经 117°31′至 119°18′，北纬 39°03′至 40°27′。南临渤海，北依燕山隔长城与承德市相望，西与天津市毗邻，东隔滦河与秦皇岛市相望，南北长 155km，东西宽 116km。

唐山交通四通八达。京哈、京秦、大秦三条铁路干线和京榆、唐秦、京唐三条国道穿境而过；三女河机场已开通多条航线，2012 年旅客吞吐量达 166897 人次；唐山港分为京唐港区、曹妃甸港区和丰南港区，形成分工合作、协调互动、三港齐飞的总体发展格局。其中京唐港区已与国内外 150 多个港口实现通航。

（二）行政区划

2010 年，唐山市辖 6 个市辖区、6 个县、2 个县级市，分别为路北区、路南区、古冶区、开平区、丰南区、丰润区、滦南县、滦县、乐亭县、唐海（曹妃甸）县、迁西县、玉田县、迁安市、遵化市，共 5018 个行政村。土地面积 2020.8 万亩，其中耕地面积 846.5 万亩，总人口 735.0 万人，其中农业人口 487.6 万人，占总人口 66.3%。

二、自然气候与水文地质

（一）自然气候

唐山市属暖温带滨海半湿润气候区。

气温：年均气温 10~11℃，且由南向北、由西向东渐减，南北差 0.8℃，东西差 1.0℃。全年 >0℃积温初日 3 月 3~8 日，终日 10 月 20~25 日，持续 263d，保证率为 80% 的积温 4179.3℃；≥10℃积温初日 4 月中旬至下旬，终日 10 月 20~25 日，持续 198d，保证率为 80% 的积温 3820℃。

无霜期：平均 180d，东北部山区最短为 161d，西南部较长，为 189~191d。全年日照时数为 2578.7~2891.3h，太阳辐射年总量为 510.91kJ·cm^{-2}。

降水：年均降水量为 679.8mm，迁西县和遵化市一带为多雨区，年均降水量 700mm 以上，以遵化市最多，平均 746.4mm；唐山市郊、唐海（曹妃甸）县为少雨区，年降水量少于 650mm；乐亭县最少，为 623mm。雨量多集中在 6～8 月，占全年降水量的 75%。唐山市 10 年间降雨量如表 1-1 所示。

表 1-1　唐山市 10 年间降水量*

年份	2001	2002	2003	2004	2005	2006
降水量/mm	528.7	318.1	530	640.1	612	436
年份	2007	2008	2009	2010	2011	
降水量/mm	608	617	532	549	704.1	

资料来源：唐山市统计年鉴。

（二）水文地质

唐山市水文地质条件比较复杂，主要表现为地下水类型多，有潜水、承压水；有孔隙水、岩溶水、裂隙水；有淡水、咸水。唐山市水文地质可分为：北部低山丘陵水文地质区和南部平原水文地质区。低山丘陵水文地质区主要分布在北部山区，遵化、迁西、迁安大部及玉田、丰润及滦县北部，该区按地下水类型，又可分为山间盆地水文地质亚区，迁西盆地孔隙水水文地质亚区等。平原水文地质区，主要分布在唐山市区及南部广大平原区，按地质类型可分为，冲洪积倾斜平原水文地质区，及冲积海（湖）积低平原水文地质区。

唐山市的平原区地下水较丰富，受地貌及水文地质条件的影响，流向趋势与地形及河流方向一致，由北而南。山前洪冲积平原地下水为全淡水，滨海平原为咸水。淡水区含水层岩性多为砾卵石、粗沙和中沙，且粒度由北向南逐渐变细，随着厚度和粒度的变化，涌水量逐渐减少；咸水区含水层以粉沙和细沙为主，层次多变，分散多层，涌水量小。

不同地形地貌的地下水状况：山前冲洪积平原区的北部，即冲积扇上部，因坡度大、多切沟，有土壤侵蚀现象，故排水良好，地下水埋深 8～10m。冲积扇中部，地势较开阔、平缓，排水尚好，地下水埋深为 5～8m。冲积扇下部，地势更为平缓，地下水埋深为 3～5m。在逐渐向冲积平原过渡地带的交接洼地处，地下水埋深 3m 左右，排水不畅。随着地下水的由高渐底，地下水矿化度由小变大，一般 0.5～1.0g/L，水化学类型为 $HCO_3^- \cdot SO_4^{2-} - Ca^{2+}$ 为主，并逐步向 $HCO_3^- \cdot SO_4^{2-} - Ca^{2+} \cdot Mg^{2+}$ 型水过渡。

冲积平原区地下水埋深为 1.5～3m，但由于微小的地貌变化，水文条件较为复杂，缓岗处一般大于 3m，而槽状洼地和洼地地下水埋深为 1.0～1.5m，微斜平原为 1.5～3.0m。地下水埋深不同，导致地下水矿化度差异。缓岗和微斜区域地下水矿化度为 1.0～2.0g/L，洼地为 3.0～5.0g/L，局部为 5.0～10.0g/L。水化学类型由北向南分别为 $HCO_3^- \cdot SO_4^{2-} - Ca^{2+} \cdot Mg^{2+}$ 型和 $HCO_3^- \cdot Cl^- - Ca^{2+} \cdot Na^+$，局部为 $HCO_3^- \cdot Cl^- - Na^+ \cdot Ca^{2+}$ 型。

上述两区地下水量丰富，水质良好，适于井灌，是唐山市的粮、棉、油产地。

滨海平原区地下水位一般小于 1m，局部 1～2m，地下水矿化度一般大于 5.0g/L，有的高达 30.0～110.0g/L，属咸水区，水化学类型 $HCO_3^- \cdot Cl^- - Na^+ \cdot Ca^{2+}$ 型和

$Cl^- - Na^+ \cdot Ca^{2+}$ 型为主。

三、地形地貌

唐山市位于河北省的东北部,南临渤海,北依燕山,系燕山褶皱带和华北拗陷的交接部位,地势自北向南阶梯下降,现有的地形地貌类型如下:

1. 低山丘陵区

主要分布在迁西县及遵化市和迁安市的大部分,丰润区和玉田县北部、滦县的东北部和西北部。面积 $4631km^2$,占全市面积的 34.60%,海拔 50~500m,最高峰为 895m。其中马兰峪—高家店—庙岭头—太平寨—徐流营一线多为低山地,岩石除长城沿线外,以震旦系片麻岩、麻粒岩为主,一般海拔为 400~500m,相对高差为 200~250m 以上,山峰陡峭,沟谷深切,谷地狭窄,上线以南至盆地边缘多为丘陵台地,岩石均为震旦系的片麻岩、麻粒岩、混合岩类等变质岩。岩性多风化、山峰低缓、沟谷宽阔,谷坡平缓,相对高差 50~150m,水土流失较严重,侵蚀模数较大。在玉田县、丰润区北部、迁西县和遵化市的南部也为低山丘陵,由中、晚元古代的白云石、燧石条带状白云石、灰岩及页岩等沉积岩构成,岩石坚硬,山峰巍峨,山峰海拔 300~400m,相对高差 250~350m,水土流失较严重。

2. 山前洪冲积平原

主要分布在丰润区、滦县的中南部、唐山市郊中北部和滦南、玉田县北部。在低山丘陵以南,海拔 20~50m,面积 $2461km^2$,占全市面积 18.39%,有滦河、陡河、蓟运河第四纪以来的冲洪积物形成的冲积扇面组成,厚度一般小于1000m,地势自北向南渐低,坡度 1/500~1/1000。

3. 冲积平原

主要分布在丰南区、乐亭县北部、唐山市郊、滦县南部、玉田县、滦南县中部和丰润区的西南部。冲积平原位于山前洪冲积平原和滨海平原之间,面积 $3255km^2$,占全市面积 24.31%,由滦河、陡河、蓟运河三大水系多次泛滥冲积而成,尤其是滦河频繁变迁改道作用而成。海拔 5~20m,厚度 1000~2000m,自北向南微斜,坡度 1/1000~1/2000。河川两侧由于沉积物的堆积多形成缓岗(自然堤),缓岗之间为相对低平洼地,缓岗和洼地之间的过度地方形成微斜平原,在滦河故道和河流泛滥决口处,则形成槽状洼地。山前洪冲积平原向冲积平原过渡处则形成扇缘交接洼地。

4. 滨海平原

滨海平原位于唐山市南部,海拔小于 5m 的滨海低洼区域,面积 $3038km^2$,占全市面积 22.70%,是河流冲积和海潮、海啸的交互作用形成,厚度大于 2000m,地势平坦,坡度 1/2000。有部分区域坡度 1/5000~1/25000。主要分布在唐海(曹妃甸)县、滦南县、乐亭县、丰南区的南部,玉田县的西南部和丰润区西南小部分,其中玉田县西南部和丰润区西南一小部分为冲积低平原,为新构造断陷盆地,上游冲积物来源不足而形成湖沼洼淀,全新世中期,海侵曾达这部分,并有海相化石,这部分沉积物为黏质,50cm 以上为黑土层,黑土层以下为潜育层,为典型的脱沼泽化过程,互相沉积作用明显。这部分平原有冲积、湖积、海相低平原较合适,这种作用可延伸到唐海(曹妃甸)

县八、九农场和丰南区的草泊周围，故也叫泻湖平原，其余为海相冲积滨海低平原。

5. 潮间带滩涂

在海相自然堤之外，尚有面积达 785.20km² 潮间带滩涂。

四、耕地资源状况

全市耕地面积 864.5 万亩，占土地面积的 42.5%。其中，粮食占用耕地面积 513.5 万亩，占耕地面积的 60.2%；蔬菜占用耕地面积 140.5 万亩，占耕地面积的 16.6%。主要县区耕地资源利用状况如表 1-2 所示。

表 1-2　唐山市主要县区耕地资源利用状况

县（市、区）	耕地面积/万亩	粮食作物面积/万亩	粮食面积比例（%）	蔬菜种植面积/万亩	蔬菜面积比例（%）
迁安市	67.76	43.26	63.8	8.66	12.8
遵化市	78.31	51.17	65.3	9.99	12.8
滦县	79.86	50.72	63.5	7.27	9.1
滦南县	101.39	71.88	70.9	19.37	19.1
乐亭县	102.83	46.12	44.9	22.27	21.7
迁西县	26.78	19.83	74.1	1.29	4.8
玉田县	104.12	75.03	72.1	25.51	24.5
唐海（曹妃甸）县	35.99	30.00	83.3	1.96	5.4
丰南区	79.88	34.97	43.8	22.94	28.7
丰润区	110.84	68.86	62.1	14.94	13.5
路南区	1.70	0.86	50.4	0.37	21.6
路北区	2.40	0.54	22.4	1.44	60.3
古冶区	15.14	5.64	37.3	2.77	18.3
开平区	15.76	8.33	52.9	1.09	6.9
芦台经济开发区	12.04	1.34	11.1	0.21	1.7
汉沽管理区	9.96	1.04	10.4	0.45	4.5

资料来源：引自《唐山 2010 统计年鉴》。

五、土壤类型

根据全国第二次土壤普查时土壤调查的结果，唐山市有淋溶土、半淋溶土、初育土、水成土、半水成土、人为土、盐碱土 7 个土纲；棕壤、褐土、红黏土、新积土、风沙土、石质土、粗骨土、沼泽土、潮土、砂姜黑土、水稻土、滨海盐土 12 个土类；棕壤、棕壤性土，褐土、淋溶褐土、石灰性褐土、潮褐土、褐土性土，红黏土，新积土，流动风沙土、半固定风沙土，硅铝质石质土、钙质石质土、硅质石质土，酸性硅铝质粗骨土、钙质粗骨土,沼泽土、草甸沼泽土、盐化沼泽土,潮土、湿潮土、脱潮土、盐化潮土,砂姜黑土、盐化砂姜黑土,淹育型水稻土、潴育型水稻土,滨海盐土、潮间盐土29个亚类;85个土属;177个土种。各土类占比例如表1-3所示。

表1-3 唐山市土类分布状况

土类	面积/亩	占总面积比例(%)
棕壤	147762	0.88
褐土	7247652	43.05
红黏土	6029	0.04
新积土	32289	0.19
风沙土	151602	0.91
石质土	632872	3.76
粗骨土	739739	4.39
沼泽土	359722	2.14
潮土	4291497	25.48
砂姜黑土	734750	4.36
水稻土	376459	2.24
滨海盐土	2115112	12.56
总计	16835484	100.00

资料来源:引自《唐山土壤》。

第二节 农业生产概况

一、农业生产总值

2010年全年粮食播种面积718.50万亩,平均亩产431.7kg,总产量310.0万吨。棉花播种面积42.14万亩,总产量3.3万吨;油料播种面积116.50万亩,总产量28.3万吨;蔬菜播种面积267.3万亩,总产量1308.2万吨,其中设施蔬菜403.7万吨。全年完成绿化造林23.86万亩,年末实有林地609万亩,森林覆盖率达30.2%。年末实有果树面积151.4万亩,干鲜果产量234.4万吨(含果用瓜),其中板栗产量5.3万吨。

2010年年末生猪存栏395.5万头;奶牛存栏45.9万头;肉类总产量67.2万吨;禽蛋产量32.3万吨;奶类产量175.0万吨;水产品产量49.0万吨。

2010年全年农业总产值658.88亿元,其中,蔬菜、瘦肉型猪、板栗、水产品、花生、牛奶、果品七大类型经济产值占农业总产值的比重达69.3%。农业产业化经营率达63.9%。

二、种植结构

2010 年，唐山市农作物播种面积 1185.71 万亩，其中：粮食作物播种面积 718.50 万亩，占农作物播种面积的 60.6%，主要有玉米、小麦、水稻，其次是甘薯、谷子、大豆、绿豆、小豆、马铃薯等；经济作物播种面积 159.68 万亩，占农作物播种面积的 13.5%，主要是棉花、花生等；瓜菜播种面积达 288.34 万亩，占农作物播种面积的 24.3%，主要包括蔬菜和瓜类，蔬菜以黄瓜、番茄、大白菜为主，瓜类以西瓜、甜瓜为主。其他作物播种面积 19.63 万亩，占农作物播种面积的 1.7%。

唐山市果树面积达到 230.25 万亩，占耕地面积 11.39%。果树以苹果、桃、梨、板栗、核桃、葡萄为主，其中：板栗 91.95 万亩，占全市果树总面积的 39.9%；核桃 7.05 万亩，占 3.1%；苹果 44.1 万亩，占 19.1%；桃 27.15 万亩，占 12.6%。板栗、核桃、苹果和桃为唐山四大果树树种。2010 年唐山市主要农作物种植状况见表 1-4。

表 1-4   2010 年唐山市主要农作物种植状况

农作物总	作物类型	播种面积/亩	占播种总面积（%）
		11857080	
大田作物	冬小麦	1621470	13.7
	玉米	4178880	35.2
	水稻	751050	6.3
	棉花	421365	3.6
	花生	1159635	9.8
	薯类	232485	2.0
蔬菜	日光温室、塑料大棚、露地	2672250	22.5
果树	板栗	919500	39.9
	核桃	70500	3.1
	苹果	441000	19.1
	其他	871500	37.9
	果树总	2302500	11.39

资料来源：各县统计数据。

三、农业生产条件

唐山市大部分耕地良好，肥力高，气候适宜，光照充足，雨量较多，有利于农作物和林果的生长发育。农作物、畜禽、林产品的品种资源十分丰富，为打造名特优农产品提供了有利条件。京东板栗、滦县花生、冀东玉米、玉田大白菜等名优产品驰名中外。

唐山市地貌类型多样，有利于发展多样化和综合化的生产和经济活动。北部低山丘陵，山场宽阔，林果、矿产、建材资源十分丰富。以板栗、苹果为主的林果业发展迅速；中部平原，地势平坦，土层深厚，土质肥沃，气候适宜，是唐山重点农区，素称"冀东粮仓"，是河北省的主要粮、油产区和商品粮、油基地；南部沿海拥有丰富的滩涂、水面和水生生物资源，具有发展海洋经济的独特优势和巨大潜力。

四、耕地养分现状与演变

全国第二次土壤普查以来，唐山市在肥料施用方面，由20世纪80年代初期的低浓度单质肥料逐渐向高浓度单质肥料发展。复混（合）肥料也逐渐大面积的推广应用，加之大力推广秸秆还田和过腹还田技术，使唐山市耕地土壤养分发生了巨大变化。本次将测土配方施肥项目所得土壤养分化验数据与1982年土壤普查数据比较，其中，低山丘陵区以迁安市、迁西县、遵化市为例，山前平原以玉田县、丰润区为例，南部沿海以乐亭县、唐海（曹妃甸）县、丰南区、滦南县为例，唐山市30年间土壤养分现状与变化如表1-5所示。结果表明，30年间唐山市土壤有机质呈上升趋势，增加了2.0%；全氮增加15.1%～23.9%；由于磷酸一铵、磷酸二铵、重过磷酸钙、过磷酸钙在各种作物上的普遍应用，加之磷在土壤中移动性差，当季作物吸收不了的有效磷大部分被土壤吸附，逐年积累在土壤中，使耕地土壤中有效磷呈明显的上升趋势，有效磷增加了314.9%～459.5%；速效钾也呈增加趋势，增加3.8%～51.3%。

表1-5　典型县市土壤养分演变

县（市、区）（样量*）	项目	2012				1982			
		有机质/（g/kg）	全氮/（g/kg）	有效磷/（mg/kg）	速效钾/（mg/kg）	有机质/（g/kg）	全氮/（g/kg）	有效磷/（mg/kg）	速效钾/（mg/kg）
迁安市	平均	11.69	0.71	24.56	67.97	9.79	0.53	4.39	65.47
(6584/1387)	CV（%）	37.8	35.7	62.3	44.8	19.0	15.4	26.2	36.9
迁西县	平均	12.87	0.83	31.16	93.93	10.76	0.67	7.51	62.07
(3056/915)	CV（%）	39.0	92.1	30.7	34.6	32.1	36.7	94.3	48.5
遵化市	平均	15.26	0.92	31.99	90.56	11.36	0.71	20.62	87.98
9526/1509	CV（%）	25.1	32.3	65.8	49.9	26.3	23.5	66.0	45.7
丰润区	平均	18.88	1.18	31.63	151.08	16.12	1.01	4.88	66.09
(2005/837)	CV（%）	22.2	27.8	61.9	59.2	36.6	18.6	67.3	48.4
玉田县	平均	19.09	1.18	33.16	150.17	1.20	5.0	81.0	15.50
6691/2390	CV（%）	24.7	25.0	73.6	32.9	25.0	26.5	60.3	45.0
唐海（曹妃甸）县	平均	14.87	0.99	5.18	186.44	17.10	1.021	14.78	231.60
2986/169	CV（%）	29.7	122.3	78.6	48.4	31.9	30.2	54.8	47.9
乐亭县	平均	20.9	1.2	19.5	152.6	13.6	0.7	7.5	108.4
4100/1571	CV（%）	25.8	25.8	99.0	61.8	27.3	31.0	56.7	38.7

续表

县（市、区） （样量*）	项目	2012				1982			
		有机质/ （g/kg）	全氮/ （g/kg）	有效磷/ （mg/kg）	速效钾/ （mg/kg）	有机质/ （g/kg）	全氮/ （g/kg）	有效磷/ （mg/kg）	速效钾/ （mg/kg）
滦南县	平均	14.3	0.84	31.5	105.4	10.0	0.670	8.0	98.4
4024/1526	CV（%）	23.5	45.2	77.6	57.0	47.7	42.1	869.9	89.2
丰南区	平均	14.5	0.8	26.0	204.6	13.0	0.22	213.95	8.06
5815/1045	CV（%）	36.4	31.6	55.4	70.7	47.80	1866.33	80.66	90.21

　* 目前测土的土壤样本量/二次普查时的样本量。

　资料来源：引自土壤志，各县二次普查的原始土壤养分等级表。

第二章 耕地地力调查评价的内容和方法

第一节 准备工作

一、组织准备

（一）成立领导小组

为加强耕地地力调查与质量评价试点工作的领导，成立了由主管农业的副市长为组长，农牧局局长为副组长的"唐山市耕地地力调查与评价工作领导小组"，负责组织协调、落实人员、安排资金、制订工作计划、指导调查工作。领导小组下设办公室，农牧局主管土肥工作的副局长任主任，主要负责项目组织、协调与督导。

领导小组及其办公室多次召开工作协调会和现场办公会，及时解决工作中出现的问题。为保证在野外调查取样时农民给予积极配合，唐山市政府向各县（市）印发了通知，要求各县（市）村做好农民的思想工作，消除他们的疑虑，保证了调查数据的真实性和可靠性。

（二）成立技术组

成立由主管业务的副局长任组长，成员由土肥站、技术站、粮油处、经作处等单位负责人组成，负责项目技术方案的制定，组织技术培训、成果汇总与技术指导，确保技术措施落实到位。聘请河北农业大学、河北省农林科学院、河北省土壤肥料总站的专家成立"唐山市耕地地力调查与评价工作专家组"，参与耕地地力调查与评价的技术指导，指导确立评价指标，确定各指标的权重及隶属函数模型等关键技术。

（三）组建野外调查采样队伍

野外调查采样是耕地地力评价的基础，其准确性直接影响评价结果。为保证野外调查工作质量，组成野外调查采样队，调查队由唐山市农牧局技术骨干及各县（市）农业技术人员组成。在调查路线踏查的基础上，调查队共分为5个调查组、5条调查路线，调查队员实行混合编组，即保证每组1名熟悉情况的当地技术人员、1名参加过类似调查的市农业专业技术人员，做到发挥各自优势，取长补短，保证调查工作质量。

二、物质准备

为了更好地完成唐山市耕地地力评价工作，在已有计算机等一些设备的基础上，配置了手持GPS定位仪、地理信息系统软件，印制野外调查表，购置采样工具、样品袋

（瓶）；同时我们还建成了面积为 200m² 的高标准土壤化验室，划分了浸提室、分析室、研磨室、制剂室、主控室等功能分区。通过向社会公开招标和政府采购，先后添置了土壤粉碎机、原子吸收分光光度计、紫外分光光度计、火焰光度计、极谱仪、电子天平等各种化验仪器设备，并进行了严格的安装和调试，所需玻璃器皿和化学试剂也同步购置完成。化验室所需仪器设备均已配置齐全，并配有专职化验人员 15 人，兼职化验人员 5 人。

三、技术准备

建立市级耕地类型区、耕地地力等级体系，确定唐山市耕地地力与土壤环境评价指标体系以及耕地质量评价体系。

组织建立 GIS 支持的试点县耕地资源基础数据库，该数据库包括空间数据库和属性数据库，由唐山市土肥站负责数据库建立和录入以及耕地资源管理信息系统整合。

确定取样点。应用土壤图、土地利用现状图叠加确定评价单元，在评价单元内，参照第二次土壤普查采样点进行综合分析，确定调查和采样点位置。

四、资料准备

图件资料包括：唐山市行政区划图、土地利用现状图、第二次土壤普查成果图件等相关图件。文本资料：第二次土壤普查基础资料、土地详查资料，1980 年以来国民经济生产统计年报，土壤监测、田间试验，各县（市）历年化肥、农药、除草剂等农用化学品销售投入情况。唐山市土地利用总体规划、唐山市各县（市）土地利用总体规划。县志、土壤志。主要农作物（含菜田）布局等。其他相关资料：土壤改良、生态建设、土壤典型剖面照片、当地典型景观照片、特色农产品介绍（文字、图片）、地方介绍资料等。

第二节　调查方法与内容

一、布点、采样原则和技术支持

根据《测土配方施肥技术规程》以及唐山市的实际情况，本次调查中调查样点的布设采取如下原则。

（一）原则

1. 代表性原则

本次调查的特点是在第二次土壤普查的基础上，摸清不同土壤类型、不同土地利用下的土壤肥力和耕地生产力的变化和现状。因此，调查布点必须覆盖全市耕地土壤类型以及全部土地利用类型。

2. 典型性原则

调查采样的典型性是正确分析判断耕地地力和土壤肥力变化的保证，特别是样品的采集必须能够正确反映样点的土壤肥力变化和土地利用方式的变化。因此，采样点必须布设在利用方式相对稳定、没有特殊干扰的地块，避免各种干扰因素的影响，如蔬菜地的调查，要对新老菜田分别对待，老菜田加大采样点密度，新菜田适当减少布点。

3. 科学性原则

耕地地力的变化以及土壤污染的分布并不是无规律的，是土壤分布规律、污染扩散规律等的综合反映。因此，调查和采样布点必须按照土壤分布规律布点，不打破土壤图斑的界线；根据污染源的不同设置不同的调查样点，如点源污染，要根据污染企业的污染物排放情况布点；面源污染在本区主要是农业内部的污染，如在不同利用年限的典型棉田调查布点；对污染严重的地区适当加大调查采样点的密度。

4. 比较性原则

为了能够反映第二次土壤普查以来的耕地地力和土壤质量的变化，尽可能在第二次土壤普查的取样点上布点。

在上述原则的基础上，调查工作之前充分分析了唐山市的土壤分布状况，收集并认真研究了第二次土壤普查的成果以及相关的试验研究和定点监测资料，并且请熟悉全市情况、参加过第二次土壤普查的有关技术人员参加工作。从市土肥站、农技站、蔬菜站等部门抽调熟悉全市耕地利用和农业生产的人员，在河北省土肥站的指导下，通过野外踏勘和室内图件分析，确定调查和采样点，保证了本次调查和评价的高质完成。

（二）布点方法

1. 大田土样布点方法

按照《测土配方施肥技术规程》的要求，平均每个采样点代表面积 205 亩，根据唐山市的基本农田保护区（除蔬菜地）面积，确定采样点总数量在 40000 个，实际采样点数为 56361 个。

为了科学反映土壤分布规律，同时在满足本次调查的基本要求下和调查精度基础上尽量减少调查工作量，技术人员对第二次土壤普查的成果图进行了清理编绘。土壤图斑零碎的局部区域，对土壤图斑进行了整理归并，将土壤母质类型相同、质地相近、土体构型相似的，特别是耕层土壤性状一致、分属不同土种的同一土属的土壤图斑合并成为土属图斑；而对于不同土属包围的土种只要达到上图单元，仍然保留原图斑。土壤图斑适当合并后的土壤图，实际是一张土属和土种复合的新土壤图。

以新的土壤图为基本图件，叠加带有基本农田区信息的土地利用现状图，以不同的土地利用现状界线分割土壤图斑，形成调查和评价单元图。为了与野外调查采样 GPS 定位相衔接，又在调查评价单元图上叠加了地形图的地理坐标信息。

根据调查和评价单元（图斑）的面积，初步确定每一调查和评价单元（图斑）的采样点数量，采样点尽量均匀并有代表性；根据土壤属性和土地利用方式的一致性，选择典型单元调查采样。

在各评价单元中，根据图斑形状、种植制度、种植作物种类、产量水平等因素的不同，同时考虑单元内部和区域的样点分布的均匀性，确定点位，并落实到单元图上，标注采样编号，确定其地理坐标。点位要尽可能与第二次土壤普查的采样点相一致。

2. 耕地土样布点方法

根据规程每个点代表面积 205 亩的要求，以及唐山市耕地面积，最终确定总采样点数量为 56361 个。野外补充调查,在土地利用现状图的基础上,调查各种作物施肥水平、产量水平、经济效益等。将土壤图、行政区划图和土地利用分布图叠加,形成评价单元。根据评价单元个数以及面积和总采样点数,初步确定各评价单元的采样点数。各评价单元的采土点数和点位确定后,根据土种、利用类型、行政区域等因素,统计各因素点位数。当某一因素点位数过少或过多时,要进行调整,同时要考虑点位的均匀性。

3. 植株样布点方法

植株样点数确定:选择当地 5~10 个主要品种,每个品种采 2~3 个样品。若想重点了解产品污染状况,可选择污染严重的区域采样,适当增加采样点数量。

(三)采样方法

1. 大田土样采样方法

大田土样在作物收获前取样。野外采样田块确定:根据点位图,到点位所在的村庄,首先向农民了解本村的农业生产情况,确定具有代表性的田块,田块面积要求在 1 亩以上,依据田块的准确方位修正点位图上的点位位置,并用 GPS 定位仪进行定位。

调查、取样:向已确定采样田块的户主,按调查表格的内容逐项进行调查填写。在该田块中按旱田 0~20cm 土层采样;采用"X"法、"S"法、棋盘法其中任何一种方法,唐山市采用了"S"法,均匀随机采取 15 个采样点,充分混合后,4 分法留取 1kg。采样工具用木铲、竹铲、塑料铲、不锈钢土钻等。一袋土样填写两张标签,标签主要内容为:样品野外编号(要与大田采样点基本情况调查表和农户调查表相一致)、采样深度、采样地点、采样时间、采样人等。

2. 蔬菜地土样采样方法

保护地在主导蔬菜收获后的晾棚期间采样。露天菜地在主导蔬菜收获后,下茬蔬菜施肥前采样。

野外采样田块确定:根据点位图,到点位所在的村庄,首先向农民了解本村蔬菜地的设施类型、棚龄或种菜的年限、主要的蔬菜种类,确定具有代表性的田块。依据田块的准确方位修正点位图上的点位位置,并用 GPS 定位仪进行定位。若确定的菜地与布点目的不一致,要将其情况向技术组说明,以便调整。

调查、取样:向已确定采样田块(日光温室、塑料大棚、露天菜地)的户主,按调查表格内容逐项进行调查填写,并在该田块里采集土样。耕层样采样深度为 0~25cm,亚耕层样采样深度为 25~50cm(根据点位图的要求确定是否取亚耕层样)。耕层样及亚耕层样采用"S"法均匀随机采取 10~15 个采样点,要按照蔬菜地的沟、垄面积比例确定沟、垄取土点位的数量,土样充分混合后,4 分法留取 1kg。其他同大田。

打环刀测容重的位置,要选择栽培蔬菜的地方,第一层在 10~15cm,第二层在 35~40cm,每层打 3 个环刀。

3. 植株样采样方法

在蔬菜、果品的收获盛期采集。采用棋盘法,采样点一般为 10~15 个。蔬菜采集可食部分,个体大的样品,可先纵向对称切成 4 份或 8 份后,4 分法留取 2kg。果品采样时,要在上、中、下、内、外均匀采摘,4 分法留取 2~3kg。

二、调查内容

在采样的同时，要按《测土配方施肥技术规程》所列项目对样点的立地条件、土壤属性、农田基础设施条件、栽培管理与污染等情况进行详细调查。为了便于分析汇总，样表中所列项目原则上要无一遗漏，并按本说明所规定的技术规范来描述。对样表未涉及但对当地耕地地力评价又起着重要作用的一些因素，可在表中附加，并将相应的填写标准在表后注明。

（一）基本项目

1. 立地条件

经纬度及海拔高度：由 GPS 仪进行测定，经纬度单位统一为"度""分""秒"。

土壤名称：按照全国第二次土壤普查时的连续命名法填写。

潜水埋深：分为深位（>3~5m）、中位（2~3m）、高位（<2m）。

潜水水质：依据含盐量（g/L）分为淡水（<1）、微淡水（1~3）、咸水（3~10）、盐水（10~50）、卤水（>50）等。

2. 土壤性状调查

土壤质地：指表层质地，按第二次土壤普查规程填写，分为沙土、沙壤土、轻壤土、中壤土、重壤土、黏土6级。

土体构型：指不同土层之间的质地构造变化情况。一般可分为薄层型（<30cm）、松散型（通体沙型）、紧实型（通体黏型）、夹层型（夹沙砾型）、夹黏型。夹料姜型等）、上紧下松型（漏砂型）、上松下紧型（蒙金型）、海绵型（通体壤型）等。

耕层厚度：按实际测量确定，单位统一为"厘米（cm）"。

障碍层次及出现深度：主要指沙、黏、砾、卵石、砂姜核、石灰结核等所发生的层位，应描述出障碍层次的种类及其深度。

障碍层厚度：最好实测，或访问当地群众，或查对土壤普查资料。

盐碱情况：盐碱类型分为硫酸盐盐化、氯化物盐化等。盐化程度分为重度、中度、轻度等；碱化程度分为轻度、中度、重度等。

3. 农田设施调查

地面平整度：按大范围地形坡度确定，分为平整（<3°）、基本平整（3°~5°）。不平整（>5°）。

灌溉水源类型：分为河流、地下水（深层、浅层）、污水等。

输水方式：分为漫灌、畦灌、沟灌、喷灌等。

灌溉次数：指当年累计的次数。

年灌水量：指当年累计的水量。

灌溉保证率：按实际情况填写。

排涝能力：分为强、中、弱三级。分别抗 10 年一遇、抗 5~10 年一遇、抗 5 年一遇等。

4. 生产性能与管理调查

家庭人口：以调查户户籍登记为准。

耕地面积：指调查当年该户种植的所有耕地（包括承包地）。

种植（轮作）制度：分为一年一熟、二年三熟等。

作物（蔬菜）种类及产量：指调查地块近 3 年主要种植作物及其平均产量。

耕翻方式及深度：指翻耕、深松耕、旋耕、靶地、糖地、中耕等。

秸秆还田情况：分年度填写近 3 年直接还田的秸秆种类、方法、数量。

设施类型、棚龄或种菜年限：分为薄膜覆盖、塑料大棚、日光温室等。棚龄以正式投入使用算起。种菜年限指本地块种植蔬菜的年限。无任何设施的，只填写种菜年限。

施肥情况：肥料分为有机肥、氮肥、磷肥、钾肥、复合肥、微肥等肥及其他肥料，写清产品外包装所标识的产品名称、主要成分及生产企业。

农药使用情况：上年度使用的农药品种、用量、次数、时间。

种子（蔬菜）品种及来源：已通过国家正式审定（认定）的，要填写正式名称。取得的途径分为自家留种、邻家留种、经营部门（单位或个人）。

生产成本包括化肥投资、有机肥投资、农药投资、农膜投资、种子投资，以及机械、人工和其他投入。

化肥：当年所收获作物或蔬菜全生育期的化肥投资总和。

有机肥：当年所收获作物或蔬菜的有机肥投资总和。

农药：当年所收获作物或蔬菜的农药投资总和。

农膜：当年所收获作物或蔬菜的农膜投资总和。

种子（种苗）：当年所收获作物或蔬菜的种子（种苗）投资总和。

机械：当年所收获作物或蔬菜的机械投资总和。

人工：当年所收获作物或蔬菜的人工总数。

其他：当年所收获作物或蔬菜的其他投入。

产品销售及收入情况：大田采样点要调查上年度该农户所种植的各种农作物的总产量，每一种农作物的市场价格、销售量、销售收入等。

蔬菜效益：指各年度的纯收益。

（二）调查步骤

1. 确定调查单元

用土壤图（土种）与行政区划图以及土地利用现状图叠加产生的图斑作为耕地地力调查的基本单元。对于耕地，每个单元代表面积 1053 亩左右，根据本区的基本农田保护区内的耕地和蔬菜地面积，确定总评价单元数量为 7821 个。

2. 用 GPS 确定采样点的地理坐标

在选定的调查单元，选择有代表性的地块，用 GPS 确定该采样点的经纬度和高程。

3. 大田调查与取样

（1）选择有代表性的地块，取土样、水样、植株样；

（2）填写大田采样点基本情况调查表；

（3）填写大田采样点农户调查表。

在选定的调查单元，选择有代表性的农户，调查耕作管理、施肥水平、产量水平、种植制度、灌溉等情况，填写调查表格。

4. 蔬菜地调查与取样

（1）选择有代表性的地块，取土样、容重样、水样、植株样；

（2）填写蔬菜采样点基本情况调查表；

（3）填写蔬菜采样点农户调查表。

在选定的调查单元，选择有代表性的农户，调查蔬菜地设施类型及分布、耕作管理、施肥水平、产量水平、种植制度、灌溉等情况，填写调查表格，并补绘土地利用现状图。

5. 填写污染源基本情况调查表

在大田和蔬菜地，如果有点源污染和面源污染源的存在，要同时按照污染调查的内容填写污染源基本情况表。

6. 调查数据的整理

由野外调查所产生的一级数据（基本调查表），经技术负责人审核后，由专业人员按数据库要求进行编码、整理、录入。

第三节 样品分析与质量控制

一、分析项目与方法

（一）物理性状

土壤容重 采用环刀法

（二）化学性状

土壤 pH 的测定：采用玻璃电极法。

土壤有机质的测定：采用重铬酸钾—硫酸溶液—油浴法。

土壤全氮的测定：采用凯氏定氮法。

土壤有效磷的测定：采用钼锑抗比色法（碳酸氢钠提取）。

土壤速效钾的测定：采用原子吸收分光光度法（乙酸铵提取）。

土壤缓效钾的测定：采用原子吸收分光光度法（硝酸提取）。

土壤有效性铜、锌、铁、锰的测定：采用原子吸收分光光度法（DTPA 提取）。

土壤有效态硫的测定：采用硫酸钡比浊法（氯化钙提取）。

二、分析测试质量控制

（一）实验室基本要求

1. 实验室资格

通过省级（或省级以上）计量认证或通过全国农业技术推广服务中心资格考核。

2. 实验室布局

足够的面积，总体设计合理，每一类分析操作有单独的区域，具备与检测项目相适应的水、电、通风排气、照明、废水及废物处理等设施。

3. 人员

配备经过培训考核合格的相应专业技术人员，承担各自相应的检测项目。

4. 仪器设备

与承检项目相适应，其性能和精度满足检测要求。

5. 环境条件

满足承检项目、仪器设备的检测要求。

6. 实验室用水

用离子交换法制备，并符合《分析实验室用水规格和试验办法》（GB/T 6682—2008）的规定。常规检验使用三级水，配制标准溶液用水、特定项目用水应符合二级水要求。

（二）分析质量控制基础实验

1. 全程序空白值测定

全程空白值是指用某一方法测定某物质时，除样品中不合该物质外，整个分析过程中引起的信号值或相应浓度值。每次做 2 个平行样，连测 5 天共得 10 个测定结果，计算批内标准偏差 S_{wb} 按下式计算

$$S_{wb} = \left\{ \sum (X_i - X_{\bar{平}})^2 / m (n-1) \right\}^{1/2}$$

式中：n 为每天测定平均样个数；m 为测定天数。

2. 检出限

检出限是指对某一特定的分析方法在给定的置信水平内可以从样品中检测待测物质的最小浓度或最小量。根据空白测定的批内标准偏差（S_{wb}）按下列公式计算检出限（95% 的置信水平）。

若试样一次测定值与零浓度试样一次测定值有显著性差异时，检出限按下式计算

$$L = 2 \times 2^{1/2} t_f S_{wb}$$

式中：L 为方法检出限；t_f 为显著水平为 0.05（单侧），自由度为 f 的 t 值；S_{wb} 为批内空白值标准偏差；f 为批内自由度，$f = m (n-1)$，m 为重复测定次数，n 为平行测定次数。

原子吸收分析方法中用下式计算检出限，即

$$L = 3 S_{wb}$$

分光光度法以扣除空白值后的吸光值为 0.010 相对应的浓度值为检出限。

由测得的空白值计算出 L 值不应大于分析方法规定的最低检出浓度值，如大于方法规定值时，必须寻找原因降低空白值，重新测定计算直至合格。

3. 校准曲线

标准系列应设置 6 个以上浓度点。

根据一元线性回归方程，即

$$y = a + bx$$

式中：y 为吸光度；x 为待测液浓度；a 为截距；b 为斜率。

校准曲线相关系数应力求 $R \geq 0.999$。

校准曲线控制：每批样品皆需做校准曲线；校准曲线要 $R > 0.999$，且有良好重现

性；即使校准曲线有良好重现性也不得长期使用；待测液浓度过高时，不能任意外推；大批量分析时，每测 20 个样品也要用一标准液校验，以查仪器灵敏度飘移。

4. 精密度控制

（1）测定率：凡可以进行平行双样分析的项目，每批样品每个项目分析时均须做 10% ~ 15% 平行样品；5 个样品以下，应增加到 50% 以上。

（2）测定方式：由分析者自行编入的明码平行样，或由质控员在采样现场或实验室编入的密码平行样。二者等效、不必重复。

（3）合格要求：平行双样测定结果的误差在允许误差范围之内者为合格，部分项目允许误差范围如表 2-1 所示。当平行双样测定全部不合格者，重新进行平行双样的测定；平行双样测定合格率 <95% 时，除对不合格者重新浊定外，再增加 10% ~ 20% 的测定率，如此累进，直到总合格率为 95%。在批量测定中，普遍应用平行双样实验，其平行测定结果之差为绝对相差；绝对相差除以平行双样结果的平均值即为相对相差。当平行双样测定结果超过允许范围时，应查找原因重新测定。

$$相对相差（T）= | a_1 - a_2 | \times 100/0.5（a_1 + a_2）$$

表 2-1 平行测定结果允许误差

	含量/（g/kg）	允许绝对误差/（g/kg）		测定值/（mg/kg）	允许差值
有机质	<10 10 ~ 40 40 ~ 70 >100	≤0.5 ≤1.0 ≤3.0 ≤5.0	有效锌或有效铜	<1.50 ≥1.50	绝对差值≤0.15 相对相差≤10%
	全氮量/（g/kg）	允许绝对误差/（g/kg）		测定值/（mg/kg）	允许差值
全氮	>1 1 ~ 0.6 <0.6	≤0.05 ≤0.04 ≤0.03	有效锰或有效铁	<15.0 ≥15.0	绝对差值≤1.5 相对相差≤10%
	测定值/（mg/kg）	允许差/（mg/kg）		测定值	允许绝对相差
有效磷	<10 10 ~ 20 >20	绝对差值≤0.5 绝对差值≤1.0 绝对差值≤0.05	pH	中性、酸性土壤 碱性土壤	≤0.1pH 单位 ≤0.2pH 单位
缓效钾	测定结果	相对相差≤8%	有效硫	测定结果	相对相差≤10%
速效钾	测定结果	相对相差≤5%	水解性氮	测定结果	相对相差≤10%

5. 准确度控制

本工作仅在土壤分析中执行。

（1）使用标准样品或质控样品：例行分析中，每批要带测质控平行双样，在测定的精密度合格的前提下，质控样测定值必须落在质控样保证值（在 95% 的置信水平）范围之内，否则本批结果无效，需重新分析测定。

（2）加标回收率的测定：当选测的项目无标准物质或质控样品时，可用加标回收实验来检查测定准确度。取两份相同的样品，一份加入一已知量的标准物，两份在同一条件下测定其含量，加标的一份所测得的结果减去未加标一份所测得的结果，其差值同加入标准物质的理论值之比即为样品加标回收率。

回收率 =（加标试样测得总量 – 样品含量）×100/加标量

加标率：在一批试样中，随机抽取 10% ～20% 试样进行加标回收测定。样品数不足 10 个时，适当增加加标比率。每批同类型试样中，加标试样不应小于 1 个。

加标量：加标量视被测组分的含量而定，含量高的加入被测组分含量的 0.5 ～1.0 倍，含量低的加 2 ～3 倍，但加标后被测组分的总量不得超出方法的测定上限。加标浓度宜高，体积应小，不应超过原试样体积的 1%。

合格要注：加标回收率应在允许的范围内，如果要求允许差值为 ±2%，则回收率应在 98% ～102%。回收率越接近 100%，说明结果越准确。

6. 实验室间的质量考核

（1）发放已知样品：在进行准备工作期间，为便于各实验室对仪器、基准物质及方法等进行校正，以达到消除系统误差的目的。

（2）发放考核样品：考核样应有统一编号、分析项目、稀释方法、注意事项等。含量由主管掌握，各实验室不知，考核各实验室分析质量，样品应按要求时间内完成。填写考核结果（见表 2 –2、表 2 –3）。

表 2 –2　实验室已知样液测定结果

考核元素	编号	测定日期	测定次数与结果/（mg/kg）						平均值（X）	标准差（S）	相对标准差（%）	全程空白/（mg/kg）	相关系数（R）	方法与仪器
			1	2	3	4	5	6						

测定单位：　　　　　　　　　　　　　　　　　　　分析质控负责人：

测定人：　　　　　　　　　　　　　　　　　　　　室主任：

表 2 –3　实验室未知考核样测定结果

考核元素	编号	测定日期	测定次数与结果/（mg/kg）						平均值（X）	标准差（S）	相对标准差（%）	全程空白/（mg/kg）	相关系数（R）	方法与仪器
			1	2	3	4	5	6						

测定单位：　　　　　　　　　　　　　　　　　　　分析质控负责人：

测定人：　　　　　　　　　　　　　　　　　　　　室主任：

7. 异常结果发现时的检查与核对

（1）Grubb's 法：在判断一组数据中是否产生异常值时，可用数理统计法加以处理观察，采用 Grubb's 法。

$$T_{计} = \mid X_k - X \mid /S$$

其中，X_k 为怀疑异常值；X 为包括 X_k 在内的一组平均值；S 为包括 X_k 在内的标准差。

根据一组测定结果，从由小到大排列，按上述公式，X_k 可为最大值，也可为最小值。根据计算样本容量 n 查 Grubb's 检验临界值 T_a 表，若 $T_{计} \geqslant T_{0.01}$，则 X_k 为异常值；若 $T_{计} < T_{0.01}$，则 X_k 不是异常值。

（2）Q 检验法：多次测定一个样品的某一成分，所得测定值中某一值与其他测定值相差很大时，常用 Q 检验法决定取舍。

$$Q = d/R$$

其中，d 为可疑值与最邻近数据的差值；R 为最大值与最小值之差（极差）。

将测定数据由小到大排列，求 R 和 d 值，并计算得 Q 值，查 Q 表，若 $Q_{计算} > Q_{0.01}$，舍去。

第四节　耕地地力评价原理与方法

耕地是农业生产不可替代的重要生产资料，是保持社会和国民经济可持续发展的重要资源。保护耕地是我们的基本国策之一，因此，及时掌握耕地资源的数量、质量及其变化对于合理规划和利用耕地，切实保护耕地有十分重要的意义。唐山市在全面的野外调查和室内化验分析，获取大量耕地地力相关信息的基础上，进行了耕地地力综合评价，评价结果对于全面了解全市耕地地力的现状及问题、耕地资源的高效和可持续利用提供了重要的科学依据，为全市耕地地力综合评价提供了技术模式。

一、耕地地力评价原理

（一）评价的原则

耕地地力就是耕地的生产能力，是在一定区域内一定的土壤类型上，耕地的土壤理化性状、所处自然环境条件、农田基础设施及耕作施肥管理水平等因素的总和。根据评价的目的要求，在唐山市耕地地力评价中，我们遵循的是以下基本原则。

1. 综合因素研究与主导因素分析相结合原则

土地是一个自然经济综合体，是人们利用的对象，对土地质量的鉴定涉及自然和社会经济多个方面，耕地地力也是各类要素的综合体现。所谓综合因素研究是指对地形地貌、土壤理化性状、相关社会经济因素进行全面的分析、研究、与评价，以全面了解耕地地力状况。主导因素是指对耕地地力起决定作用的、相对稳定的因子，在评价中要着重对其进行研究分析。因此，把综合因素与主导因素结合起来进行评价，则可以对耕地地力做出科学准确的评定。

2. 共性评价与专题研究相结合原则

唐山市耕地利用存在菜地、农田等多种类型，土壤理化性状、环境条件、管理水平等不一，因此耕地地力水平有较大的差异。一方面，考虑区域内耕地地力的系统、可比性，针对不同的耕地利用等状况，选用的统一的、共同的评价指标和标准，即耕地地力的评价不针对某一特定的利用类型；另一方面，为了了解不同利用类型的耕地地力状况及其内部的差异情况，对有代表性的主要类型如蔬菜地等进行专题的深入研究。这样，共性的评价与专题研究相结合，使整个的评价和研究具有更大的应用价值。

3. 定量和定性相结合原则

土地系统是一个复杂的灰色系统，定量和定性要素共存，相互作用，相互影响。因此，为了保证评价结果的客观合理，宜采用定量和定性评价相结合的方法。在总体上，为了保证评价结果的客观合理，尽量采用定量评价方法，对可定量化的评价因子如有机质等养分含量、土层厚度等按其数值参与计算，对非数量化的定性因子如土壤表层质地、土体构型等则进行量化处理，确定其相应的指数，并建立评价数据库，用计算机进行运算和处理，尽力避免人为随意性因素影响。在评价因素筛选、权重确定、评价标准、等级确定等评价过程中，尽量采用定量化的数学模型，在此基础上则充分运用人工智能和专家知识，对评价的中间过程和评价结果进行必要的定性调整，定量与定性相结合，选取的评价因素在时间序列上具有相对的稳定性，如土壤的质地、有机质含量等，从而保证了评价结果的准确合理，使评价的结果能够有较长的有效期。

4. 采用 GIS 支持的自动化评价方法原则

自动化、定量化的土地评价技术是当前土地评价的重要方向之一。近年来，随着计算机技术，特别是 GIS 技术在土地评价中的不断应用和发展，基于 GIS 的自动化评价方法已不断成熟，使土地评价的精度和效率大大提高。本次的耕地地力评价工作将通过数据库建立、评价模型及其与 GIS 空间叠加等分析模型的结合，实现了全数字化、自动化的评价流程，在一定的程度上代表了当前土地评价的最新技术方法。

（二）评价的依据

耕地地力是耕地本身的生产能力，因此耕地地力的评价则依据与此相关的各类自然和社会经济要素，具体包括三个方面。

第一，耕地地力的自然环境要素：包括耕地所处的地形地貌条件、水文地质条件、成土母质条件等。

第二，耕地地力的土壤理化要素：包括土壤剖面与土体构型、耕层厚度、质地、容重、障碍因素等物理性状，有机质、N、P、K 等主要养分、微量元素、pH、交换量等化学性状等。

第三，耕地地力的农田基础设施条件：包括耕地的灌排条件、水土保持工程建设、培肥管理条件等。

（三）评价指标

为做好唐山市耕地地力调查工作，经过研讨确定了指标的选取、量化以及评价方法；认为耕地地力主要受成土母质、地下水、微地貌等多种因素的影响，不同地下水埋深及矿化度、不同母质发育的土壤，耕地地力差异较大，各项指标对地力贡献的份额在不同地块也有较大的差别，并对每一个指标的名称、释义、量纲、上下限给出准确的定义并制定了规范。在全国共用的 55 项指标体系框架中，选取了包括土壤理化性状及立地条件、土壤养分状况（大量）、土壤养分状况（微量）3 大类共 7 个指标，作为耕地地力评价指标体系（见表 2－4）。

表 2 - 4　唐山市耕地地力评价因子及打分表

评价因子			分级界点值							
养分状况	全氮/(g/kg)	指标	2	1.75	1.5	1.25	1.00	0.9	0.8	<0.7
		评估值	1	0.9	0.8	0.7	0.6	0.5	0.4	0
	有效磷/(mg/kg)	指标	30	20	15	10	5	<5		
		评估值	1	0.8	0.7	0.5	0.3	0		
	速效钾/(mg/kg)	指标	150	100	80	60	50	<40		
		评估值	1	0.8	0.7	0.5	0.3	0		
理化性状	有机质/(g/kg)	评估值	25	22.5	20	17.5	15	10	7.5	<5
		指标	1	0.9	0.8	0.7	0.6	0.5	0.4	0
	质地	评估值	轻壤土	中壤土	重壤土	轻黏土	沙壤土	松沙土		
		指标	0.9	1	0.8	0.6	0.4	0.1		
立地条件	灌溉条件	指标	很好	好	一般	较差	差	很差		
		评估值	1	0.9	0.7	0.5	0.3	0.1		
	坡度/(°)	指标	3	5	7	9	11	13	>15	
		评估值	1	0.9	0.7	0.5	0.3	0.1	0	

注：评估值应大于等于 0，并且小于等于 1。

二、耕地地力评价方法

评价方法分为单因子指数法和综合指数法。单因素评价模型采用模糊评价法、层次分析法，综合指数评价模型用聚类分析法、累加模型法等。

（一）模糊评价法

模糊数学的概念与方法在农业系统数量化研究中得到广泛的应用。模糊子集、隶属函数与隶属度是模糊数学的三个重要概念。一个模糊性概念就是一个模糊子集，模糊子集 A 的取值自 0～1 中间的任一数值（包括两端的 0 与 1）。隶属度是元素 χ 符合这个模糊性概念的程度。完全符合时隶属度为 1，完全不符合时为 0，部分符合即取 0～1 的一个中间值。隶属函数 $\mu_A(\chi)$ 是表示元素 χ_i 与隶属度 μ_i 之间的解析函数。根据隶属函数，对于每个 χ_i 都可以算出其对应的隶属度 μ_i。

应用模糊子集、隶属函数与隶属度的概念，可以将农业系统中大量模糊性的定性概念转化为定量的表示。对不同类型的模糊子集，可以建立不同类型的隶属函数关系。

在这次土壤质量评价中，我们根据模糊数学的理论，将选定的评价指标与耕地生产能力的关系分为戒上型函数、戒下型函数、峰型函数、直线型函数以及概念型 5 种类型的隶属函数。对于前 4 种类型，可以用特尔菲法对一组实测值评估出相应的一组隶属度，并根据这两组数据拟合隶属函数；也可以根据唯一差异原则，用田间试验的方法获得测试值与耕地生产能力的一组数据，用这组数据直接拟合隶属函数（见表 2 - 5）。鉴于质地对耕地其他指标的影响，有机质、阳离子代换量、速效钾等指标应按不同质地类型分别拟合隶属函数。

表 2 – 5　唐山市要素类型及其隶属度函数模型

指标类型	函数类型	函数公式	C	U_t
有机质	戒上型	$y = 1 / \left[1 + 0.003468 \ (x - c)^2\right]$	22.23	< 5
速效钾	戒上型	$y = 1 / \left[1 + 0.000197 \ (x - c)^2\right]$	135.50	< 40
有效磷	戒上型	$y = 1 / \left[1 + 0.003441 \ (x - c)^2\right]$	27.70	< 5
全氮	戒上型	$y = 1 / \left[1 + 0.698607 \ (x - c)^2\right]$	2.09	< 0.7
坡度	戒下型	$y = 1 / \left[1 + 0.051216 \ (x - c)^2\right]$	3.88	> 15

通过专家评估、隶属函数拟合以及充分考虑土壤特征与植物生长发育的关系，赋予不同肥力因素以相应的分值，得到唐山市耕地生产能力评价指标的隶属度（见表2－6）。

表 2 – 6　唐山市耕地生产能力评价指标的隶属度

土壤有机质含量/（g/kg）							
指标	≥30	25	20	17.5	15	10	7.5	< 5
专家评估值	1	0.9	0.8	0.7	0.6	0.5	0.4	0

土壤速效钾含量/（mg/kg）						
指标	≥150	100	80	60	50	< 40
专家评估值	1	0.8	0.7	0.5	0.3	0

土壤有效磷含量/（mg/kg）						
指标	≥40	30	20	25	10	7.5	< 5
专家评估值	1	0.9	0.8	0.7	0.5	0.3	0

土壤全氮含量/（g/kg）							
指标	≥2	1.75	1.5	1.25	1.0	0.9	0.8	< 0.7
专家评估值	1	0.9	0.8	0.7	0.6	0.5	0.4	0

土壤质地					
指标	轻壤质	中壤质	重壤质	轻黏质	沙壤质	松沙土
专家评估值	0.9	1	0.8	0.6	0.4	0.1

坡度/（°）						
指标	3	5	7	9	11	13	> 15
专家评估值	1	0.9	0.7	0.5	0.3	0.1	0

灌溉条件					
指标	很好	好	一般	较差	差	很差
专家评估值	1	0.9	0.7	0.5	0.3	0.1

（二）单因素权重：层次分析法

层次分析方法的基本原理是把复杂问题中的各个因素，按照相互之间的隶属关系从高到低排成若干层次，根据对一定客观现实的判断，就同一层次相对重要性相互比较的结果，决定层次各元素重要性先后次序。这一方法在耕地地力评价中主要用来确定参评因素的权重。

1. 确定指标体系及构造层次结构

我们从河北省指标体系框架中选择了7个要素作为唐山市耕地地力评价的指标，并根据各个要素间的关系构造了以下层次结构（见图2-1）。

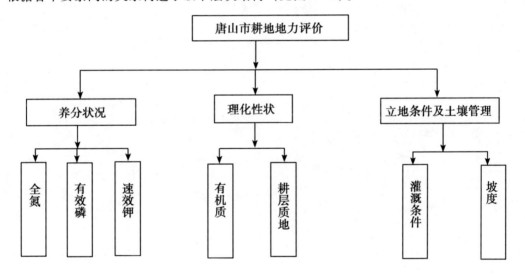

图 2-1 唐山市地力评价体系

2. 农业科学家的数量化评估

请专家进行同一层次各因素对上一层次的相对重要性比较，给出数量化的评估。专家们评估的初步结果经过合适的数学处理后（包括实际计算的最终结果—组合权重）反馈给各位专家，请专家重新修改或确认。经多轮反复形成最终的判断矩阵。

3. 判别矩阵计算

（1）层次分析计算：目标层判别矩阵原始资料。

＝＝＝＝＝＝＝＝＝层次分析报告　＝＝＝＝＝＝＝＝＝

模型名称：唐山市耕地地力评价

计算时间：2013-5-16 17：57：45

目标层判别矩阵原始资料：

1.0000	0.5000	0.4000
2.0000	1.0000	0.6667
2.5000	1.5000	1.0000

特征向量：$[0.1807, 0.3399, 0.4795]$

最大特征根为：3.0037

$CI = 1.85543649129438E-03$

$RI = .58$

$CR = CI/RI = 0.00319903 < 0.1$

一致性检验通过！

准则层（1）判别矩阵原始资料：

1.0000	0.5000	0.3333
2.0000	1.0000	0.5000
3.0000	2.0000	1.0000

特征向量：$[0.1638, 0.2973, 0.5390]$

最大特征根为：3.0092

$CI = 4.58599539378524E-03$

$RI = 0.58$

$CR = CI/RI = 0.00790689 < 0.1$

一致性检验通过！

准则层（2）判别矩阵原始资料：

| 1.0000 | 0.5000 |
| 2.0000 | 1.0000 |

特征向量：$[0.3333, 0.6667]$

最大特征根为：2.0000

$CI = 0$

$RI = 0$

$CR = CI/RI = 0.00000000 < 0.1$

一致性检验通过！

准则层（3）判别矩阵原始资料：

| 1.0000 | 0.6667 |
| 1.5000 | 1.0000 |

特征向量：$[0.4000, 0.6000]$

最大特征根为：2.0000

$CI = 2.49996875076874E-05$

$RI = 0$

$CR = CI/RI = 0.00000000 < 0.1$

一致性检验通过！

层次总排序一致性检验：

$CI = 8.40569123841133E-04$

RI = . 1047924886842

CR = CI/RI = 0.00802127 ＜ 0.1

总排序一致性检验通过！ 层次分析结果表

＝ ＝

层次 C

层次 A	养分状况	理化性状	立地条件及土壤管理	组合权重 $\sum C_i A_i$
全氮	0.1637			0.0296
有效磷	0.2973			0.0537
速效钾	0.5390			0.0974
有机质		0.3333		0.1133
质地		0.6667		0.2266
灌溉条件			0.4000	0.1918
坡度			0.6000	0.2877

＝ ＝

本报告由《县域耕地资源管理信息系统 V3.2》分析提供

（2）单因素评价评语　通过田间调查及征求有关专家意见，对唐山市的评价因素进行了量化打分，对数量型因素进行了隶属函数拟合，拟合结果如下。

土壤有机质：
$$y = 1/\left[1 + 0.003468\ (x-c)^2\right] \qquad c = 22.228 \qquad u_t < 5$$

土壤有效磷：
$$y = 1/\left[1 + 0.003441\ (x-c)^2\right] \qquad c = 27.7 \qquad u_t < 5$$

土壤速效钾：
$$y = 1/\left[1 + 0.000197\ (x-c)^2\right] \qquad c = 135.5 \qquad u_t < 40$$

土壤全氮：
$$y = 1/\left[1 + 0.698607\ (x-c)^2\right] \qquad c = 2.0875 \qquad u_t < 0.7$$

坡度：
$$y = 1/\left[1 + 0.051216\ (x-c)^2\right] \qquad c = 3.879 \qquad u_t > 15$$

第五节　耕地资源管理信息系统的建立与应用

一、耕地资源管理系统息系统的总体设计

（一）系统任务

耕地质量管理信息系统的任务在于应用计算机及 GIS 技术、遥感技术，存储、分析和管理耕地地力信息，定量化、自动化地完成耕地地力评价流程，提高耕地资源管理的水平，为耕地资源的高效、可持续利用奠定基础。

（二）系统功能

结合当前的耕地地力分析管理需求，耕地地力分析管理系统应具备的功能如下。

1. 多种形式的耕地地力要素信息的输入输出功能

支持数字、矢量图形、图像等多种形式的信息输入与输出。主要有：

统计资料形式：如耕地地力各要素调查分析数据、社会经济统计数据等；

图形形式：不同时期、不同比例尺的地貌、土壤、土地利用等耕地地力相关专题图等；

图像形式：包括耕地利用实地景观图片、遥感图像等。遥感图像又包括卫（航）片和数字图像两种形式；

文献形式：如土壤调查报告、耕地利用专题报告等；

其他形式：其他介质存贮的其他系统数据等。

2. 耕地地力信息的存储及管理功能

存储各类耕地地力信息，实现图形与相应属性信息的连接，进行各类信息的查询及检索。完成统计数据的查询、检索、修改、删除、更新，图形数据的空间查询、检索、显示、数据转换、图幅拼接、坐标转换，以及图像信息的显示与处理等。

3. 多途径的耕地地力分析功能

包括对调查分析数据的统计分析、矢量图形的叠加等空间分析和遥感信息处理分析等功能。

4. 定量化、自动化的耕地地力评价

通过定量化的评价模型与 GIS 的连接，实现从信息输入、评价过程，到评价结果输出的定量化、自动化的耕地地力评价流程。

（三）系统功能模块

采用模块化结构设计，将整个系统按功能逐步由上而下、从抽象到具体，逐层次的分解为具有相对独立功能、又具有一定联系的模块，每一模块可用简便的程序实现具体的、特定功能。各模块可独立运行使用，实现相应的功能，并可根据需要进行方便的连接和删除，从而形成多层次的模块结构，系统模块结构如图 2-2 所示。

输入输出模块：完成各类信息的输入及输出。

耕地地力评价模块：完成评价单元划分、参评因素提取及权重确定、评价分等定级等过程，支持进行耕地地力评价。

统计分析模块：完成耕地地力调查统计数据的各种分析。

空间分析模块：对耕地地力及其相关矢量专题图进行分析管理，完成坐标转换、空间信息查询检索、叠加分析等工作。

遥感分析模块：进行遥感图像的几何校正、增强处理、图像分类、差值图像等处理，完成土地利用及其动态、耕地地力信息的遥感分析。

（四）系统应用模型

系统包括评价单元划分、参评因素选取、权重确定及耕地地力等级确定的各类应用模型，支持完成定量化、自动化的整个耕地地力评价过程（见图 2-3），具体的应用模

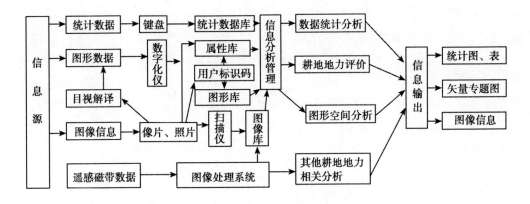

图 2-2　唐山市耕地资源管理系统模块结构

型为评价单元的划分及评价数据提取模型。

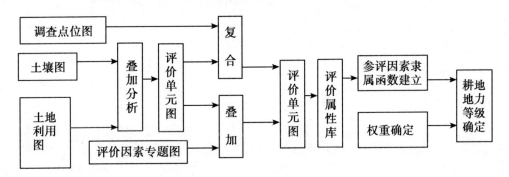

图 2-3　耕地地力评价计算机流程

评价单元是土地评价的基本单元，评价单元的划分有以土壤类型、土地利用类型等多种方法，但应用较多的是以地貌类型—土壤类型—植被（利用）类型的组合划分方法，耕地地力分析管理系统中耕地地力评价单元的划分采用叠加分析模型，通过土壤、土地利用等图幅的叠加自动生成评价单元图。

评价数据的提取是根据数据源的形式采用相应的提取方法，一是采用叠加分析模型，通过评价单元图与各评价因素图的叠加分析，从各专题图上提取评价数据；二是通过复合模型将土地调查点与评价单元图复合，从各调查点相应的调查、分析数据中提取各评价单元信息。

二、资料收集与整理

耕地地力评价是以耕地的各性状要素为基础，因此必须广泛地收集与评价有关的各类自然和社会经济因素资料，为评价工作做好数据的准备。本次耕地地力评价我们收集获取的资料主要包括以下几个方面。

（一）野外调查资料

按野外调查点获取，主要包括地形地貌、土壤母质、水文、土层厚度、表层质地、耕地利用现状、灌排条件、作物长势产量、管理措施水平等。

（二）室内化验分析资料

包括土壤有机质、全氮、速效氮、全磷、速效磷、速效钾等大量养分含量，钙、镁、硫、硅等中量元素含量，有效锌、有效硼、有效钼、有效铜、有效铁、有效锰等微量养分含量，以及 pH 值、土壤污染元素含量等。

（三）社会经济统计资料

以行政区划为基本单位的人口、土地面积、作物及蔬菜瓜果面积，以及各类投入产出等社会经济指标数据。

（四）基础图件及专题图件资料

1：50000 比例尺地形图、行政区划图、土地利用现状图、地貌图、土壤图等。

（五）遥感资料

为了更加客观准确地获取唐山市耕地的利用及地力状况，我们专门订购了 2002 年春季的陆地卫星 TM 数字图像，通过数字遥感图像分析，更新土地利用图，准确确定耕地空间分布，并根据作物长势分析耕地地力状况。

三、属性数据库建立

获取的评价资料可以分为定量和定性资料两大部分，为了采用定量化的评价方法和自动化的评价手段，减少人为因素的影响，需要对其中的定性因素进行定量化处理，根据因素的级别状况赋予其相应的分值或数值，采用 MicroSoft Access 等常规数据库管理软件，以调查点为基本数据库记录，以各耕地地力性状要素数据为基本字段，建立耕地地力基础属性信息数据库，应用该数据库进行耕地地力性状的统计分析，它是耕地地力管理的重要基础数据。

此外，对于土壤养分因素，例如：有机质、氮、磷、钾、锌、铜、锰等养分数据，首先按照野外实际调查点进行整理，建立以各养分为字段，以调查点为记录的数据库，之后，进行土壤采样点位图与分析数据库的连接，在此基础上对各养分数据进行自动的插值处理，经编辑，自动生成各土壤养分专题图层。将扫描矢量化及插值等处理生成的各类专题图件，在 ArcInfo 软件的支持下，以点、线、区文件的形式进行存储和管理，同时将所有图件统一转换到相同的地理坐标系统，进行图件的叠加等空间操作，各专题图的图斑属性信息通过键盘交互式输入，构成基本专题图的图形数据库。图形库与基础属性库之间通过调查点相互连接。

四、空间数据库的建立

采用图件扫描后屏幕数字化的方法建立空间数据库。图件扫描的分辨率为 300dpi，彩色图用 24 位真彩，单色图用黑白格式。数字化图件包括：土地利用现状图、土壤图、地貌类型图、行政区划图等。

数字化软件统一采用 ArcInfo，坐标系为 1954 北京大地坐标系，比例尺为 1：50000。

具体矢量化过程为：首先在 Arc/info 的投影变换子系统中建立相应地区的相同比例

尺的标准图幅框，在配准子系统中将扫描后的各栅格图与标准图框进行配准。在输入编辑子系统中采用手动、自动、半自动的方法跟踪图形要素完成数字化工作。生成点文件，线文件与多边形文件。其中多边形文件的建立要经过多次错误检查与建立拓扑关系。

五、耕地资源管理信息系统的建立与应用

（一）信息的处理

数据分类及编码是对系统信息进行统一而有效管理的重要依据和手段，为便于耕地地力信息的存储、分析和管理，实现系统数据的输入、存储、更新、检索查询、运算，以及系统间数据的交换和共享，需要对各种数据进行分类和编码。

目前，对于耕地地力分析与管理系统数据尚没有统一的分类和编码标准，我们在唐山市系统数据库建立中则主要借鉴了相关的已有分类编码标准。如土壤类型的分类和编码，以及有关土壤养分的级别划分和编码，主要依据第二次土壤普查的有关标准。土地利用类型的划分则采用由全国农业区划委员会制定的土地资源详查的划分标准。其他如耕地地力评价结果、文件的统一命名等则考虑应用和管理的方便，制定了统一的规范，为信息的交换和共享提供了接口。

（二）信息的输入及管理

1. 图形数据的入库与管理

（1）数据整理与输入：为保证数据输入的准确快速，需进行数据输入前的整理。首先需对专题图件进行精确性、完整性、现势性的分析，在此基础上对专题地图的有关内容进行分层处理，根据系统设计要求选取入库要素。图形信息的输入可采用手扶跟踪数字化或扫描矢量化方法，相应的属性数据采用键盘录入。

（2）图形编辑及属性数据联结：数字化的几何图形可能存在悬挂线段、多边形标识点错误和小多边形等错误，利用 Arc/info 提供的点、线和区属性编辑修改工具，可进行图面的编辑修改、制图综合。对于图层中的每个图形单元均有一个标志码来唯一确定，它既存在位置数据中，又存放在相应的属性文件中，作为属性表的一个关键字段，由此将空间数据和属性数据联接在一起。可分别在数字化过程中以及图形编辑中完成图形标志码的输入，对应标志码添加属性数据信息。

（3）坐标变换与图形拼接：GIS 空间分析功能的实现要求数据库中的地理信息以相同的坐标为基础。地图的坐标系来源于地图投影，我国基本比例尺地图，比例尺大于 1：500000 地图采用高斯—克吕格投影，1：1000000 地图采用等角圆锥投影。比例尺大于1：100000 地图则以经纬线作其图廓，以方里网注记。经扫描或数字化仪数字化产生的坐标是一个随机的平面坐标系，不能满足空间分析操作的要求，应转换为统一的大地经纬坐标或方里网实地坐标。应用软件提供的坐标转换等功能实现坐标的转换及误差的消除。

由于研究区域范围以及比例尺的关系，整个研究区地图可能分为多幅，从而需要进行图幅的拼接。一方面，图幅的拼接可以在扫描矢量化以前，进行扫描图像间的拼接；另一方面则在矢量化以后根据地物坐标进行图形的拼接。

（4）图形信息的管理：经过对图形信息的输入和处理，分别建立了相应的图形库和属性库。Arc/info 软件通过点、线和区文件的形式实现对图形的存储管理，可采用 Excel、FoxPro 等直接进行其相应属性数据的操作管理，使操作更加方便和灵活。

2. 统计数据的建库管理

对统计数据内容进行分类，考虑系统有关模块使用统计数据的方便，按照 Microsoft Access 等建库要求建立数据库结构，键盘录入各类统计数据，进行统一的管理。

3. 图像信息的建库管理

以遥感图像分析处理软件 ENVI 进行管理，该软件具有图像的输入输出、纠正处理、增强处理、图像分类等各种功能，其分析处理结果可以转为 BMP、JPG、TIF 等普通图像格式，由此可通过 Photoshop 等与其他景观照片等图像进行统一管理，建立图像库。

（三） 系统软硬件及界面设计

1. 系统硬件

根据耕地地力分析管理的需要，耕地地力分析管理系统的基本硬件配置为：高档微机、数字化仪（AO）、喷墨绘图仪（AO）、扫描仪（AO）、打印机等（见图 2 - 4）。

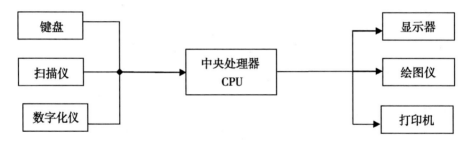

图 2 - 4　耕地地力分析管理系统的基本硬件配置

2. 系统软件

耕地地力分析管理系统的基本操作系统为 Windows 2000 或 Windows XP 系统。考虑基层应用的方便及系统应用，所采用的通用地理信息系统平台是目前应用较为广泛的 ARCGIS，该软件可以满足耕地地力分析及管理的基本需要，且为汉化界面，人机友好。主要利用 ARCGIS 有关模块实现对空间图形的输入输出、管理、完成有关空间分析操作。遥感图像分析管理采用图像处理 ENVI 软件，完成各类遥感影像的分析处理。采用 VB 语言、.NET 语言等编制系统各类应用模型，设计完成系统界面。以数据库管理软件 Microsoft Access 等进行调查统计数据的管理。

3. 系统界面设计

界面是系统与用户间的桥梁。具有美观、灵活和易于理解、操作的界面，对于提高用户使用系统工作效率，充分发挥系统功能有很大作用。耕地地力分析管理系统界面根据系统多层次的模块化结构，主要采用 VB 语言设计编写，以 Windows 为界面。为便于系统的结果演示，则将 VB 与 MO（Map Object）结合，直接调用和查询显示耕地地力的各类分析结果，通过菜单操作完成系统的各种功能。

第三章 耕地土壤的立地条件与农田基础设施

第一节 耕地土壤的立地条件

一、地形地貌与土壤类型

(一) 低山丘陵区土壤类型

该区域因山峰陡峭，沟谷深切，土壤侵蚀，表土和新土剥蚀，多无表土层，心土层暴露，部分甚至为岩石裸露，从山丘上部到中部，依次分布为石质土—粗骨土—褐土性土（棕壤）。这些土壤类型特点土层薄、砾石多、质地粗。土壤发育程度和肥力状况受坡向、坡度影响差异性很大、利用价值不大，只能封山育林。在低山丘陵的中下部，土层相对上部较厚，依次出现薄、中层淋溶褐土，土壤特点为土层厚、砾石少、质地较细、土壤肥力较高。

坡度和坡向不同造成水、热条件差异，土壤类型有所差异，即使同一高度，南坡较北坡接受光照强、湿度小，因此南（阳）北（阴）坡发育土壤各异，如遵化北山，南坡水肥条件差，发育土壤棕壤性土、粗骨土或褐土性土，而北坡湿凉，利于植物生长和物质积累，发育生草（耕作）棕壤、薄、中层淋溶褐土，南坡土壤肥力比北坡差异性也大。

(二) 山前洪冲积平原土壤类型

山前洪冲积平原上部，由于坡度大、多切沟、排水好，土壤发育不受地下水的影响而形成淋溶褐土，中部区域地市平坦、开阔、排水尚好，但底部受地下水上升和下降交互作用而发生草甸过程，形成潮褐土。南部区域，地下水影响甚小，草甸过程极显，并向冲积平原过渡地区的交接洼地处，形成潮土和盐化潮土。

主要分布在丰润区、滦县的中南部、唐山市郊中北部和滦南县、玉田县北部。

(三) 冲积平原土壤类型

由于地貌和水文条件变化复杂，使土壤发育不同，类型各异。广阔的冲积平原以潮土为主，在缓岗处，地下水埋深较深，是土壤剖面中上次脱离地下水作用，迫使潮土向地带性土壤—褐土—脱潮土发展。在洼地有洼碱（盐）相伴，涝碱（盐）相随的规律，在大洼地边缘或微斜平原中的局部小洼地往往形成盐化潮土或盐化湿潮土，在洼地中部无排水出路，内外排水不畅，形成沼泽土或盐化草甸沼泽土。

主要分布丰南区、乐亭县北部，唐山市郊、滦县南部，玉田县、滦南县中部和丰润区的西南部。

（四）滨海低平原土壤

由于地势低洼、平缓，地下水受咸水的阻隔，降水又不能侵入，只能靠地表径流侧向补给，地下水埋深很浅，在高矿化水、海浸和浪击作用下，形成盐成土—滨海盐土。

在冲积平原，即玉田西南部、丰润西南一小部分属扇缘洼地，北部低山丘陵属石灰岩区，潜水中含有大量的碳酸氢钙（重碳酸钙），由于地势平坦，坡降小于1/2000，地下水埋深仅1m左右，碳酸氢钙由于压力变小和旱季温度上升，二氧化碳挥发形成碳酸钙结核，形成砂姜黑土。

主要分布唐海（曹妃甸）县、滦南县、乐亭县、丰南区的南部，玉田县的西南部和丰润区西南一小部分。

（五）潮间带滩涂

由于高潮使此区域被海水浸没，形成土壤盐土。

二、成土母质特点与分布

土壤母岩和母质是形成土壤的物质基础，是影响土壤机械组成和化学性状的主要影响因素。唐山市土壤母质特点与分布如下。

（一）酸性硅铝质残坡积物

主要分布在长城沿线，有震旦系花岗岩、花岗片麻岩、片麻岩和麻粒岩的风化物组成，包括遵化市、迁西县、迁安市北部山区，滦县北部零星分布，面积152.52万亩（占唐山市土地面积9.06%），由于雨量、海拔和地形部位差异，岩石抗风化的能力有差异，遵化市、迁西县北部的花岗和片麻岩抗风化能力差，而迁安市和滦县的花岗岩和片麻岩抗风化能力差，前者土层厚，后者土层较薄。

（二）钙质残坡积物

主要分布在玉田县、丰润区北部、遵化市和迁西县南部、迁安市西南部和滦县的东北部和西北部。系中晚元古代的白云岩、燧石条带状白云岩、石灰岩、钙质页岩风化物组成。面积136.54万亩（占唐山市土地面积8.11%）。钙质残坡积物岩石坚硬，植被稀疏，水土流失严重，对土壤形成和发育不利，一般土壤剖面不显石灰性反应。

（三）硅质残坡积物

分布在遵化市中部山区、迁安市的东部和西部，滦南县的西北部，迁西县长城沿线、景忠山一带及中部。面积65.77万亩（占唐山市土地面积3.91%）。由石英岩、石英砂岩、砾岩和角砾石的风化物组成。由于抗风化能力强，形成土壤土层薄，沙砾多，水土流失严重。

（四）中性硅铝质残坡积物

分布在迁安市徐流营一带，面积只有6.69万亩（占唐山市土地面积0.40%），由安山岩风化物组成。

（五）第四纪洪冲积物

分布在唐山市山前洪冲积平原区，及京山铁路以北至低山丘陵区以南，面积

516.32 万亩（占唐山市土地面积 30.67%）。由滦河、陡河、蓟运河三大水系的洪冲积物组成。由于三大水系的发源地不同，影响土壤机械组成和理化性状。一般东部滦河流域形成的土壤质地粗、沙质和沙壤质土壤为主，而陡河、蓟运河形成的土壤质地细、中壤和重壤质土壤为主，且具有东部肥力低而西部肥力高的特点。

（六）第四纪冲积物

主要分布在冲积平原，包括丰南区、乐亭县北部、唐山市郊、滦县南部、玉田县和滦南县中部、丰润区西南部，面积 351.77 万亩（占唐山市土地面积 20.89%）。由三大水系的第四纪冲积物组成。剖面中冲积层次明显，东部偏沙、西部偏黏。

（七）海相沉积物

分布在乐亭县、滦南县、唐海（曹妃甸）县、丰南区沿海地带，面积 353.01 万亩，（占唐山市土地面积 20.97%），海相沉积物受多种因素的损坏和风化作用的影响，首先，由近代河流三角洲的沉积物，其风化作用和侵蚀作用继续存在，接着是河流分选和溶解作用；其次，经若干年的海浪袭击和侵蚀，沉积物被携带到海底，最后海退，沉积物露出海面并继续风化。海相沉积物分海相沙岸和海相淤泥岸，以大青河口为界，以东为沙岸，以西为泥岸。土壤为盐化土壤，理化性状较差，肥力低，但土壤速效钾含量高，剖面呈微碱性反应。

（八）湖相沉积物

分布在玉田县、丰南区、唐海（曹妃甸）县以及丰润区西南部的交界洼地和湖沼周围，面积 84.75 万亩（占唐山市土地面积 5.03%），由河流沉积物和静水沉积交互作用形成，湖相沉积物发育的土壤养分含量较高，土壤速效养分含量较低。

（九）风积物

主要分布在滦河流域的迁安市、滦县、滦南县和乐亭县，集中分布在滦河两侧和滦河故道，面积 15.16 万亩（占唐山市土地面积 0.90%）。

（十）黄土状物质

面积 0.41 万亩（占唐山市土地面积 0.02%）。

（十一）红黏土母质

面积 0.6 万亩（占唐山市土地面积 0.04%）。

唐山市土壤母质分布状况如表 3-1 所示。

表 3-1 唐山市土壤母质分布状况

土壤母质	面积/万亩	占面积（%）	岩石组成	分布区域
酸性硅铝质残坡积物	152.52	9.06	花岗岩、花岗片麻岩、片麻岩和麻粒岩	遵化市、迁西县、迁安市北部山区，滦县北部零星分布
钙质残坡积物	136.54	8.11	白云岩、燧石条带状白云岩、石灰石、钙质页岩	玉田县、丰润区北部、遵化县和迁西县南部、迁安市西南部和滦县的东北部和西北部

土壤母质	面积/万亩	占面积（%）	岩石组成	分布区域
硅质残坡积物	65.77	3.91	石英岩、石英沙岩、砾石和角砾石	遵化市中部山区、迁安市的东部和西部、滦南县的西北部，迁西县长城沿线、景中山及中部
中性硅铝质残坡积物	6.69	0.40		迁安市徐流营
第四纪洪冲积物	516.32	30.67	滦河、陡河、蓟运河三大水系的洪冲积物	山前洪冲积平原区，即京山铁路以北至低山丘陵区一带
第四纪冲积物	351.77	20.89	三大水系的第四纪冲积物组成	丰南区、乐亭县北部、唐山市郊、滦县南部、玉田县和滦南县中部、丰润区西南部
海相沉积物	353.01	20.97		乐亭县、滦南县、唐海（曹妃甸）县、丰南区沿海地带
湖相沉积物	84.75	5.03	河流沉积物和静水沉积物	玉田县、丰南区、唐海（曹妃甸）县以及丰润区西南部的交界洼地和湖沼周围
风积物	15.16	0.90		
黄土状物质	0.41	0.02		
红黏土母质	0.60	0.04		
总计	1683.54	100.00		

资料来源：引自《唐山土壤》。

三、水资源与水文状况

唐山市主要河流为滦河、陡河、蓟运河三大水系组成。

滦河发源于承德地区丰宁县巴延图尔山麓，径流内蒙古高原，坝上高原和承德燕山山区，至潘家口穿长城进入唐山市，流经迁西县、迁安市、滦县、滦南县、在乐亭县的兜网铺入海，全长 877km，流域面积 44900km^2。在本市境内河流长 207km，流域面积 2690.6km^2，年径流深 206mm，年径流量平均为 46.9 亿立方米。主要支流为青龙河、长河、洒河、青河。

陡河水系由陡河、沂河、小青龙河等 12 条河流组成，陡河发源于丰润区马家庄户，微域滦河、蓟运河两大流域之间，独流入海，全长 120km，流域面积 1340km^2，年径流深 94.5mm，年径流量平均为 4.6 亿立方米。

蓟运河水系由蓟运河、还乡河、黎河等 8 条河流组成，蓟运河全流域长度为 41km，年径流深 173.4mm，年径流量平均为 6.9 亿立方米。

唐山市的地下水较丰富，流向受水文地质条件的影响，流向趋势与地形及河流方向一致，由北而南。山前洪冲积平原地下水属全淡水，滨海平原为咸水。淡水区含水层岩性多为砾卵石、粗沙和中沙组成，且粒度由北向南逐渐变细，单层厚度由 20～30m 递减为 5 ~ 10m，随着厚度和粒度的变化，涌水量由 160t/h 减少到 30t/h，矿化度由 0.5g/L 上升为 2.0g/L，咸水区含水层以粉沙和细沙为主，厚度 40 ~ 120m，涌水量由 30t/h，矿化度大于 2.0g/L。

不同地形地貌的地下水状况：山前冲洪积平原区的北部，即冲积扇上部，因坡度大，多切沟，有土壤侵蚀现象，故排承排水好，地下水埋深 8 ~ 10m。冲积扇中部地势较平缓，排水尚好，地下水埋深为 5 ~ 8m。冲积扇下部地势平缓，地下水埋深为 3 ~ 5m。在逐渐向冲击平原过渡地带的交接洼地处，地下水埋深为 3m 左右，排水不畅。随着地势的由高到低，地下水矿化度由小变大，一般 0.5 ~ 1.0g/L，水化学类型为 HCO_3^- · SO_4^{2-} – Ca^{2+} 为主，并逐步向 HCO_3^- · SO_4^{2-} – Ca^{2+} · Mg^{2+} 型水过渡。

冲积平原区地下水埋深为 1.5 ~ 3m，但由于微小的地貌变化，水文条件较复杂，缓岗处一般大于 3m，而槽状洼地和洼地为 1.0 ~ 1.5m，微斜平原为 1.5 ~ 3.0m。缓岗和微斜区域地下水矿化度 1.0 ~ 2.0g/L，洼地为 3.0 ~ 5.0g/L，局部为 5.0 ~ 10.0g/L，水化学类型由北向南分别为 HCO_3^- · SO_4^{2-} – Ca^{2+} · Mg^{2+} 型和 HCO_3^- · Cl^- – Ca^{2+} · Na^+ 型，局部为 HCO_3^- · Cl^- – Na^+ · Ca^{2+} 型。

上两区地下水丰富，水质良好，适于井灌，是唐山市的粮、棉、油产地。

滨海平原地下水埋深一般小于 1m，局部 1 ~ 2m，地下水矿化度 5.0g/L，有的高达 30.0 ~ 110.0g/L，属咸水区，水化学类型以 HCO_3^- · Cl^- – Na^+ · Ca^{2+} 型和 Cl^- – Na^+ · Ca^{2+} 型为主。

决定本市地貌的因素为新生代以来的新地质构造运动，其基本特征为：北部蒙古高原和燕山山地的强烈上升，南部平原和渤海的强烈下降，使本市发生剧烈的构造差异运动，由北向南阶梯下降而形成骨架，后经长期风化剥蚀，第四纪更新世，自燕山冲下来大量冲积物，覆盖于第三纪地层之上，再经河流（主要滦河）不断地泛滥改道和变迁，以及海潮、海啸的影响，形成唐山市现有的地形地貌类型。

四、地质状况

唐山市北部山区属燕山褶皱带，南部平原区为华北凹陷区。北部马兰峪—遵化—三屯营一带是一个东西向的复背斜。东部太平寨—迁安一带是一个南北向的隆起区。在背斜核部和隆起区，以太古界变质岩、混合岩为主，其次为火成岩，在变质岩的局部地段风化深度可达 50m 左右，构造带附近泉水流量 1 ~ 40t/h，单井涌水量 20 ~ 40t/h，火成岩风化裂隙一般不发育。玉田县和丰润区北部主要为碎屑岩，岩性主要为震旦系含泥白云岩、长石石英砂岩、石炭二叠系砂岩，第三系凝灰岩等。泉水流量变化大，从小于 1t/h 到近 100t/h，在结构带附近单井涌水量 20t/h 左右。另外还有奥陶系马家沟灰岩分布，地下水丰富，尤其是被第四系覆盖的区域易受第四系含水层的补给，其单井涌水量可达 100 ~ 500t/h，山麓丘陵区以下古生界寒武、奥陶系碳酸盐地层以及石炭二叠系含煤沙页岩底层分布为主。

第二节　农田基础设施

一、农田基础设施

唐山市机械总动力达8104860kW，平均每亩耕地拥有0.96kW，平均每个农村劳动力拥有2.66kW。全市机耕面积达691.7万亩，占耕地总面积的81.56%；机播面积达445.7万亩，占农作物总播面积的38.34%；机收面积达187.5万亩，占总收获面积的16.13%。

二、农田排灌系统设施

（一）农田灌溉工程

唐山市总灌溉面积716.96万亩（耕地有效灌溉面积647.63万亩，果园林草地有效灌溉面积69.33万亩）。其中高效节水灌溉面积238.75万亩（低压管道输水灌溉面积224.45万亩，喷灌面积12.94万亩，微灌面积1.36万亩）。

耕地灌溉情况：到目前为止，全市建有万亩以上灌区20处（其中滦河下游灌区、陡河灌区为国有大型灌区）；农用灌溉机井达到13.68万眼；控制耕地有效灌溉面积647.63万亩，占总耕地面积的846.5万亩的76.51%，基本实现了农田水利化。其中节水灌溉面积318.35万亩，占有效灌溉面积的49.16%，其中包括高效节水灌溉面积216.42万亩，渠道防渗9.93万亩，水稻控灌面积70万亩，小白龙等其他节水灌溉面积22万亩。在高效节水灌溉216.42万亩面积中，有低压管道输水灌溉面积203.29万亩，喷灌11.85万亩，微灌1.28万亩，高效节水灌溉面积占耕地有效灌溉面积的33.4%。

果园林草地灌溉情况：建成水池水窖11.78万个，引水上山工程428处，控制灌溉林地、果园及其他面积69.33万亩。境内河道建成各类节制蓄水工程170座，全市河道蓄水能力达1亿立方米。

（二）农田除涝工程

全市有易涝耕地面积328.2万亩，除涝面积达到318.6万亩，其中5年以下排涝标准的90.3万亩、5~10年排涝标准的228.3万亩。主要排涝工程有农田排水干渠298条、1151km，农田排水支渠4704条、3117km；有桥、闸、涵等各类排水建筑物8450座；建成泵站239座，总装机815台，排水能力1092.5m²/s，设计排水面积243.3万亩。全市形成自排与机排相结合，骨干河道与排水干、支渠相贯通的除涝工程体系。

第四章 耕地土壤属性

第一节 耕地土壤类型与分布

一、土壤类型

唐山市土类如表 4 - 1 所示。根据全国第二次土壤普查时土壤调查的结果，唐山市有淋溶土、半淋溶土、初育土、水成土、半水成土、人为土、盐碱土 7 个土纲；棕壤、褐土、红黏土、新积土、风沙土、石质土、粗骨土、沼泽土、潮土、砂姜黑土、水稻土、滨海盐土 12 个土类；29 个亚类；85 个土属；177 个土种。唐山市土类如表 4 - 1 所示。

表 4 - 1 唐山市土壤分类表

土类	亚类	土属	土种	面积/亩
棕壤	棕壤	酸性硅铝质残坡积物	少砾轻壤质棕壤	45242
			少砾中层中壤质棕壤	24639
		硅质残坡积物	少砾中层轻壤质棕壤	6380
		壤质洪冲积物	少砾沙壤质棕壤	5093
	棕壤性土	酸性硅铝质残坡积物	多砾薄层棕壤性土	66408
褐土	褐土	壤质洪冲积物	中壤质褐土	12979
	淋溶褐土	中性硅铝质残坡积物	多砾中层轻壤质淋溶褐土	14175
			中层中壤质淋溶褐土	1957
		酸性硅铝质残坡积物	少砾沙壤质淋溶褐土	101271
			多砾中层轻壤质淋溶褐土	153877
			少砾厚层轻壤质淋溶褐土	78057
			多砾中层轻壤质淋溶褐土	6633
			少砾厚层中壤质淋溶褐土	63878
			多砾厚层中壤质淋溶褐土	63576
		硅质残坡积物	多砾中层轻壤质淋溶褐土	36059
			少砾中层轻壤质淋溶褐土	4463

土类	亚类	土属	土种	面积/亩
褐土	淋溶褐土	硅质残坡积物	少砾厚层轻壤质淋溶褐土	23030
			多砾厚层轻壤质淋溶褐土	70111
			多砾中层中壤质淋溶褐土	16472
		钙质残坡积物	多砾中层轻壤质淋溶褐土	22857
			少砾中层中壤质淋溶褐土	57507
			多砾中层中壤质淋溶褐土	75881
			少砾厚层中壤质淋溶褐土	141227
			多砾厚层中壤质淋溶褐土	135463
		黄土状物质	中壤质淋溶褐土	4134
		沙质洪冲积物	沙质淋溶褐土	19619
		沙壤质洪冲积物	沙壤质淋溶褐土	122545
			多砾沙壤质淋溶褐土	134014
			多砾体壤沙壤质淋溶褐土	26976
			体砾沙壤质淋溶褐土	42307
			底砾沙壤质淋溶褐土	3730
		轻壤质洪冲积物	底黏轻壤质淋溶褐土	1912
			轻壤质淋溶褐土	444503
			多砾轻壤质淋溶褐土	5513
			多砾体砂轻壤质淋溶褐土	2348
			体砾轻壤质淋溶褐土	12596
			底砾轻壤质淋溶褐土	25389
		中壤质洪冲积物	中壤质淋溶褐土	602627
			底砾中壤质淋溶褐土	51087
	石灰性褐土	钙质残坡积物	少砾厚层中壤质石灰性褐土	10133
		壤质洪冲积物	沙壤质石灰性褐土	3825
			少砾中壤质石灰性褐土	7642
	潮褐土	沙质洪冲积物	沙质潮褐土	609357
		沙壤质洪冲积物	壤沙质潮褐土	950721
			体壤沙壤潮褐土	116877
			体砾沙壤质潮褐土	69678
			底砾沙壤质潮褐土	8766

土类	亚类	土属	土种	面积/亩
褐土	褐土性土	沙壤质洪冲积物	底杂姜沙壤质潮褐土	5715
		轻壤质洪冲积物	轻壤质潮褐土	1042421
			体砾轻壤质潮褐土	4771
			底砾轻壤质潮褐土	40776
			底杂姜轻壤质潮褐土	3550
			底砂轻壤质潮褐土	14226
			底黏轻壤质潮褐土	23966
		中壤质洪冲积物	中壤质潮褐土	674347
			底杂姜中壤质潮褐土	38630
		人工堆垫壤质	沙壤质潮褐土	4450
			轻壤质潮褐土	6744
		中性硅铝质残坡积物	多砾薄层轻壤质褐土性土	7408
		酸性硅铝质残坡积物	多砾薄层沙壤质褐土性土	899461
			少砾薄层轻壤质褐土性土	12688
		硅质残坡积物	多砾薄层沙壤质褐土性土	4393
			多砾薄层轻壤质褐土性土	15060
		钙质残坡积物	多砾薄层中壤质褐土性土	84274
红黏土	红黏土	红土物质	黏质红黏土	6029
新积土	新积土	沙质冲积物	沙质新积土	32289
风沙土	流动风沙土	沙质风积物	流动风沙土	58047
	半固定风沙土	沙质风积物	半固定风沙土	93555
石质土	硅铝质石质土	中性硅铝质残坡积物	多砾薄层中性硅铝质石质土	43351
	钙质石质土	钙质残坡积物	多砾薄层钙质石质土	107756
	硅质石质土	硅质残坡积物	少砾薄层硅质石质土	105454
			多砾薄层硅质石质土	376311
粗骨土	酸性硅铝质粗骨土	酸性硅铝质残坡积物	多砾薄层酸性硅铝质粗骨土	9474
	钙质粗骨土	钙质残坡积物	多砾薄层钙质粗骨土	722701
			少砾薄层钙质粗骨土	7564
沼泽土	沼泽土	黏质湖相	黏质沼泽土	93189
			杂砂姜黏质沼泽土	14984

土类	亚类	土属	土种	面积/亩
沼泽土	草甸沼泽土	壤质冲积物	沙壤质草甸沼泽土	32856
			中壤质草甸沼泽土	5651
		黏质湖相	黏质草甸沼泽土	51269
			体杂砂姜黏质沼泽土	13153
	盐化沼泽土	氯化物	轻壤质中盐化沼泽土	5093
			中壤质重盐化沼泽土	11470
			黏质重盐化沼泽土	132077
潮土	潮土	沙质冲积物	沙质潮土	225804
		沙壤质冲积物	沙壤质潮土	1019408
			底壤沙壤质潮土	13195
			底杂姜沙壤质潮土	8899
		轻壤质冲积物	轻壤质潮土	704268
			腰砂轻壤质潮土	9827
			体砂轻壤质潮土	12572
			底砂轻壤质潮土	70835
			底杂姜轻壤质潮土	20408
		中壤质冲积物	中壤质潮土	685566
			体砂中壤质潮土	12122
			底砂中壤质潮土	40845
			底杂姜中壤质潮土	180974
		黏质冲积物	黏质潮土	66982
	湿潮土	黏质湖相	黏质湿潮土	8839
	脱潮土	沙质冲积物	沙质脱潮土	47327
		壤质冲积物	沙壤质脱潮土	24044
			轻壤质脱潮土	58447
			中壤质脱潮土	64162
	盐化潮土	氯化物沙质	沙质轻盐化潮土	4780
		氯化物沙壤质	沙壤质轻盐化潮土	41549
			沙壤质中盐化潮土	10492
		氯化物轻壤	轻壤质轻盐化潮土	116988
			轻壤质中盐化潮土	10051

土类	亚类	土属	土种	面积/亩
潮土	盐化潮土	氯化物轻壤	轻壤质重盐化潮土	9881
		氯化物中壤质	中壤质轻盐化潮土	32771
			中壤质中盐化潮土	29088
			体砂中壤质中盐化潮土	2537
			中壤质重盐化潮土	7777
			杂姜中壤质轻盐化潮土	2272
			杂姜中壤质中盐化潮土	2713
		氯化物黏质	黏质轻盐化潮土	132432
			黏质中盐化潮土	20111
		氯化物—硫酸盐轻壤质	轻壤质轻盐化潮土	79533
			轻壤质中盐化潮土	8137
			轻壤质重盐化潮土	3491
		氯化物—硫酸盐中壤质	中壤质轻盐化潮土	66752
			中壤质中盐化潮土	7338
		氯化物—硫酸盐黏质	黏质中盐化潮土	12052
		硫酸盐—氯化物中壤质	中壤质轻盐化潮土	8760
		硫酸盐—氯化物湿中壤	中壤质轻盐化潮土	5757
		氯化物湿中壤	中壤质重盐化潮土	3263
		氯化物湿黏质	黏质轻盐化潮土	57237
			黏质中盐化潮土	38042
			黏质重盐化潮土	27429
			杂姜黏质轻盐化潮土	11888
			杂姜黏质中盐化潮土	2219
		硫酸盐—氯化物湿黏质	黏质轻盐化潮土	246107
			黏质重盐化潮土	7528
砂姜黑土	砂姜黑土	脱沼泽中壤质	中壤质体杂砂姜黑土	7273
			中壤质底杂砂姜黑土	121163
		脱沼泽黏质	黏质体杂砂姜黑土	271663
			黏质底杂砂姜黑土	177718
			黏质底砂姜黑土	15708

土类	亚类	土属	土种	面积/亩
砂姜黑土	盐化砂姜黑土	硫酸盐－氯化物湿黏质	黏质轻盐化腰杂砂姜黑土	17756
			黏质中盐化腰杂砂姜黑土	1539
			黏质轻盐化底杂砂姜黑土	82721
			黏质中盐化底杂砂姜黑土	16786
			黏质轻盐化底砂姜黑土	22422
水稻土	淹育型水稻土	沙质洪冲积物	沙质淹育型水稻土	4819
		壤质洪冲积物	沙壤质淹育型水稻土	2766
			中壤质淹育型水稻土	6931
		壤质冲积物	轻壤质淹育型水稻土	2269
			中壤质淹育型水稻土	1648
	潴育型水稻土	氯化物黏质湖相	黏质轻盐化潴育型水稻土	67238
		氯化物轻壤质	沙壤质轻盐化潴育型水稻土	15109
			轻壤质轻盐化潴育型水稻土	41300
		氯化物中壤质	体砂中壤质轻盐化潴育型水稻土	3264
			中壤质轻盐化潴育型水稻土	7420
			中壤质中盐化潴育型水稻土	3033
			底杂姜中壤质轻盐化潴育型水稻土	17374
		氯化物黏质	黏质轻盐化潴育型水稻土	99575
			黏质中盐化潴育型水稻土	38143
			黏质重盐化潴育型水稻土	65570
滨海盐土	滨海盐土	沙质海相	沙质滨海盐土	5346
		壤质海相	沙壤质滨海盐土	33773
			轻壤质滨海盐土	6734
			中壤质滨海盐土	62731
		黏质海相	黏质滨海盐土	151255
		生草沙质海相	沙质滨海盐土	38281
		生草沙壤质海相	沙壤质滨海盐土	177835
			底壤沙壤质滨海盐土	3650
		生草轻壤质海相	轻壤质滨海盐土	86520
		生草中壤质海相	中壤质滨海盐土	51847

续表

土类	亚类	土属	土种	面积/亩
滨海盐土	生草中壤质海相	生草黏质海相	黏质滨海盐土	322340
	潮间盐土	沙质海相	沙质潮间盐土	78322
		沙壤质海相	沙壤质潮间盐土	710821
		轻壤质海相	轻壤质潮间盐土	171870
		中壤质海相	中壤质潮间盐土	34989
		黏质海相	黏质潮间盐土	69412
		轻壤质龟裂海相	轻壤质龟裂潮间盐土	36802
		轻壤质龟裂海相	中壤质龟裂潮间盐土	18356
		黏质龟裂海相	黏质龟裂潮间盐土	54228

资料来源：引自《唐山土壤》。

二、土壤分布规律

土壤是由多个成土因素共同作用的结果，而成土因素中的生物气候因素和地质因素均具有地理规律性，因此土壤类型和分布反映出地带性规律。唐山市属暖温带滨海半湿润气候区，地带性土壤有棕壤、褐土、潮土。由于地形对水热条件的影响，年均气温由北向南、由西向东渐增，东西差 1℃，南北差 0.8℃，年降水由北向南渐减，由765.6mm 减至 620.3mm，年蒸发量由 1658mm 减至 1186mm，即由北部低山丘陵湿润区向南部平原半湿润区过渡，土壤自北向南分布（横向分布）状况如下。

（一）横向分布规律

以遵化市道茅山为主的北部山区，构成棕壤，褐土区；丘陵地区主要是褐土（褐土性土和淋溶褐土）；山麓平原区为潮褐土；冲积平原区及洼地形成潮土、盐化潮土、（盐化）湿潮土（砂姜黑土）、草甸沼泽土、沼泽土；滨海平原区形成滨海盐土。

横向分布规律为：棕壤性土—棕壤—褐土性土—淋溶褐土—潮褐土—潮土—盐化潮土—湿潮土—草甸沼泽土—沼泽土—草甸沼泽土—湿潮土—盐化潮土—滨海盐土。

（二）纵向分布规律

土壤类型受气候、植被、地貌和母质的影响，明显构成土壤垂直分布带谱。这种影响在北部山区尤为突出。以新城乡西山（海拔895m）其阳坡垂直分布带谱为棕壤（海拔 300～350m 以上）—褐土（海拔 300～350m 以下至 50m）。三道茅山（海拔 646.8m）阳坡垂直分布带谱同新城乡西山，阴坡较阳坡由于气候湿、凉，且植被茂盛，土层较阳坡厚，而棕壤—褐土的海拔分界线下移至 250～300m。

唐山市潮土区一般分布在海拔 20～5m。

纵向分布规律：棕壤（海拔 300～350m 以上）—褐土（海拔 300～350m～20m）—潮土（海拔 5～20m）。

（三）土壤分布区域

除了上述土壤分布状况外，局部地区与由于受中、小地形、母质类型、水文条件及人为活动的影响，不同土壤类型形成不同的组合方式，构成唐山市土壤类型区域分布特点。

1. 盆形组合（微域等高）分布

在湖泊洼淀中心向岗地，随着海拔高度的微小变化，土壤类型自湖泊洼淀中心向外扩展，依次出现沼泽土、草甸沼泽土、湿潮土、盐化潮土和潮土（如丰南草泊地区）。

2. 链式土壤组合

由于局部地形差异，使不同种类土壤链在一起，分别有排水良好的褐土、排水不完全的潮土和排水不良的砂姜黑土以及排水差的沼泽土构成。这种基于排水或起伏不同的土壤组合为链式土壤组合（如玉田北部土壤组合）。

第二节　有机质

一、耕层土壤有机质含量及分布特点

本次耕地地力调查共化验分析耕层土壤样本 56361 个，我们应用克里金空间插值技术并对其进行空间分析得知，全市耕层土壤有机质含量平均为 16.17g/kg，变化幅度在 1.08～35.34g/kg。

（一）耕层土壤有机质含量的行政区域分布特点

利用行政区划图对土壤有机质含量栅格数据进行区域统计发现，土壤有机质含量平均值达到 20.00g/kg 的县（市）有古冶区、路南区、开平区、乐亭县、路北区，面积为 1281965.0 亩，占全市总耕地面积的 15.6%，其中古冶区平均含量超过了 22.00g/kg，面积合计为 151410.0 亩，占全市总耕地面积的 1.8%。平均值小于 20.00g/kg 的县（市、区）有汉沽农场、玉田县、芦台农场、唐海（曹妃甸）县、丰润区、丰南区、滦南县、遵化市、迁西县、滦县、迁安市，面积为 6957248.0 亩，占全市总耕地面积的 84.4%，其中迁西县、滦县、迁安市平均含量低于 14.00g/kg，面积合计为 1732857.0 亩，占全市总耕地面积的 21.1%。具体的分析结果见表 4-2。

表 4-2　不同行政区域耕层土壤有机质含量的分布特点

县（市、区、场）	面积/亩	占总耕地（%）	最小值/（g/kg）	最大值/（g/kg）	平均值/（g/kg）
古冶区	151410	1.8	7.92	34.51	22.48
路南区	16995	0.2	11.78	33.58	20.92
开平区	157590	1.9	9.02	30.69	20.53
乐亭县	932000	11.3	13.19	27.13	20.50
路北区	23970	0.3	14.25	30.08	20.37
汉沽农场	99600	1.2	12.35	29.40	19.60

县（市、区场）	面积/亩	占总耕地（%）	最小值/（g/kg）	最大值/（g/kg）	平均值/（g/kg）
玉田县	1079990	13.1	9.28	32.90	19.04
芦台农场	120375	1.5	14.00	22.48	17.30
唐海（曹妃甸）县	338320	4.1	1.08	25.94	17.28
丰润区	1069202	13.0	7.84	28.04	16.92
丰南区	726000	8.8	3.75	35.34	16.11
滦南县	1060120	12.9	3.02	24.19	14.27
遵化市	730786	8.9	10.32	25.60	15.55
迁西县	277800	3.4	6.88	25.02	13.31
滦县	806000	9.8	4.07	28.52	13.22
迁安市	649057	7.9	4.30	23.95	11.27

（二）耕层土壤有机质含量与土壤质地的关系

利用土壤质地图对土壤有机质含量栅格数据进行区域统计发现，土壤有机质含量最高的质地是黏质，平均含量达到了 18.53g/kg，变化幅度为 1.08～32.90g/kg，而最低的质地为沙质，平均含量为 12.18g/kg，变化幅度为 3.75～30.27g/kg。各质地有机质含量平均值由大到小的排列顺序为：黏质、中壤质、轻壤质、沙壤质、沙质。具体的分析结果见表 4-3。

表 4-3　不同土壤质地与耕层土壤有机质含量的分布特点　　　单位：g/kg

土壤质地	最小值	最大值	平均值
黏质	1.08	32.90	18.53
中壤质	1.93	35.34	17.54
轻壤质	4.39	34.51	16.91
沙壤质	4.30	32.20	13.70
沙质	3.75	30.27	12.18

（三）耕层土壤有机质含量与土壤分类的关系

1. 耕层土壤有机质含量与土类的关系

唐山市土壤共有 12 个土类，土壤有机质含量最高的土类是沼泽土，平均含量达到了 18.67g/kg，变化幅度为 3.28～32.90g/kg，而最低的土类为红黏土，平均含量为 13.34g/kg，变化幅度为 8.97～22.06g/kg。各土类有机质含量平均值由大到小的排列顺序见表 4-4。

表 4 - 4　不同土类耕层土壤有机质含量的分布特点　　单位：g/kg

土壤类型	最小值	最大值	平均值
沼泽土	3.28	32.90	18.67
砂姜黑土	6.94	32.11	18.66
滨海盐土	3.33	27.43	18.16
水稻土	1.80	27.59	17.57
潮土	1.08	35.18	17.51
风沙土	4.75	25.51	15.88
粗骨土	6.33	28.40	15.81
石质土	5.42	25.97	14.64
褐土	4.07	35.34	14.35
棕壤	7.61	17.86	14.22
新积土	12.74	15.05	13.98
红黏土	8.97	22.06	13.34

2. 耕层土壤有机质含量与亚类的关系

唐山市土壤有机质含量最高的亚类是潮土—湿潮土，平均含量达到了 20.48g/kg，变化幅度为 11.35～25.13g/kg，而最低的亚类为粗骨土—酸性硅铝质粗骨土，平均含量为 12.08g/kg，变化幅度为 9.70～16.69g/kg。各亚类有机质含量平均值由大到小的排列顺序见表 4 - 5。

表 4 - 5　不同亚类耕层土壤有机质含量的分布特点　　单位：g/kg

土类	亚类	最小值	最大值	平均值
潮土	湿潮土	11.35	25.13	20.48
褐土	石灰性褐土	10.37	28.16	19.87
沼泽土	沼泽土	10.32	31.18	19.32
沼泽土	草甸沼泽土	10.79	32.90	19.02
砂姜黑土	砂姜黑土	6.94	32.11	18.79
砂姜黑土	盐化砂姜黑土	8.48	30.17	18.31
潮土	盐化潮土	1.08	29.40	18.23
滨海盐土	滨海盐土	3.33	27.43	18.16
沼泽土	盐化沼泽土	3.28	25.94	18.03
水稻土	潴育型水稻土	1.80	25.71	17.58
潮土	潮土	2.14	35.18	17.33

续表

土类	亚类	最小值	最大值	平均值
水稻土	淹育型水稻土	6.19	27.59	17.15
褐土	褐土	11.94	19.23	16.02
粗骨土	钙质粗骨土	6.33	28.40	16.02
风沙土	流动风沙土	4.75	25.51	15.88
石质土	钙质石质土	10.32	25.97	15.73
棕壤	棕壤性土	9.76	17.86	14.77
褐土	淋溶褐土	4.31	32.20	14.66
石质土	硅质石质土	5.42	24.71	14.66
褐土	潮褐土	4.07	35.34	14.40
新积土	新积土	12.74	15.05	13.98
棕壤	棕壤	7.61	17.10	13.73
石质土	硅铝质石质土	7.09	22.96	13.65
红黏土	红黏土	8.97	22.06	13.34
褐土	褐土性土	4.30	22.82	12.85
潮土	脱潮土	6.38	25.19	12.51
粗骨土	酸性硅铝质粗骨土	9.70	16.69	12.08

3. 耕层土壤有机质含量与土属的关系

唐山市土壤有机质含量最高的土属是褐土—石灰性褐土—钙质残坡积物，平均含量达到了 21.69g/kg，变化幅度为 12.24 ~ 28.16g/kg，而最低的土属为褐土—潮褐土—矿质洪冲积物，平均含量为 9.99g/kg，变化幅度为 4.07 ~ 25.23g/kg。各土属有机质含量平均值由大到小的排列顺序见表 4 - 6。

表 4 - 6　不同土属耕层土壤有机质含量的分布特点　　　　单位：g/kg

土类	亚类	土属	最小值	最大值	平均值
褐土	石灰性褐土	钙质残坡积物	12.24	28.16	21.69
潮土	盐化潮土	氯化物沙壤质	18.97	24.14	21.11
潮土	脱潮土	沙质冲积物	14.83	25.19	20.98
潮土	潮土	黏质冲积物	11.00	29.06	20.83
砂姜黑土	砂姜黑土	脱沼泽黏质	14.32	32.11	20.62
潮土	湿潮土	黏质湖相	11.35	25.13	20.48
潮土	盐化潮土	氯化物中壤质	1.93	24.99	20.42

土类	亚类	土属	最小值	最大值	平均值
滨海盐土	滨海盐土	生草轻壤质海相	17.14	24.00	20.29
潮土	盐化潮土	氯化物轻壤质	8.31	24.17	20.26
水稻土	潴育型水稻土	氯化物轻壤质	14.05	24.97	20.25
水稻土	淹育型水稻土	壤质冲积物	11.15	27.59	19.89
潮土	潮土	中壤质冲积物	2.14	35.18	19.76
潮土	盐化潮土	硫酸盐—氯化物中壤质	17.13	21.36	19.65
滨海盐土	滨海盐土	沙质海相	18.31	21.07	19.59
沼泽土	草甸沼泽土	黏质湖相	10.79	32.90	19.45
滨海盐土	滨海盐土	黏质海相	9.52	25.97	19.37
沼泽土	沼泽土	黏质湖相	10.32	31.18	19.32
滨海盐土	滨海盐土	生草沙壤质海相	17.28	21.54	19.24
潮土	盐化潮土	氯化物—硫酸盐黏质	10.90	27.19	19.15
潮土	潮土	轻壤质冲积物	4.39	26.60	18.82
潮土	盐化潮土	硫酸盐—氯化物湿黏质	4.55	29.40	18.63
滨海盐土	滨海盐土	生草中壤质海相	9.11	24.89	18.56
褐土	石灰性褐土	壤质洪冲积物	10.37	26.12	18.37
砂姜黑土	盐化砂姜黑土	硫酸盐—氯化物湿黏质	8.48	30.17	18.31
褐土	潮褐土	人工堆垫壤质	15.51	20.87	18.15
沼泽土	盐化沼泽土	氯化物	3.28	25.94	18.03
褐土	潮褐土	中壤质洪冲积物	8.63	35.34	17.72
潮土	盐化潮土	硫酸盐—氯化物湿中壤	11.83	24.81	17.71
沼泽土	草甸沼泽土	壤质冲积物	10.95	25.33	17.53
潮土	盐化潮土	氯化物—硫酸盐轻壤质	10.14	24.62	17.42
水稻土	潴育型水稻土	氯化物中壤质	12.41	21.70	17.41
潮土	盐化潮土	氯化物黏质	1.50	29.00	17.33
潮土	盐化潮土	氯化物—硫酸盐中壤质	4.39	26.53	17.14
潮土	盐化潮土	氯化物沙质	11.01	23.55	17.07
潮土	盐化潮土	氯化物湿中壤	7.81	26.22	17.06
水稻土	潴育型水稻土	氯化物黏质湖相	1.80	22.13	16.89
水稻土	潴育型水稻土	氯化物黏质	7.74	25.71	16.82
滨海盐土	滨海盐土	生草黏质海相	3.33	27.43	16.65

续表

土类	亚类	土属	最小值	最大值	平均值
褐土	淋溶褐土	钙质残坡积物	7.34	32.20	16.62
褐土	淋溶褐土	黄土壮物质	14.06	18.24	16.16
褐土	褐土	壤质洪冲物	11.94	19.23	16.02
粗骨土	钙质粗骨土	钙质残坡积物	6.33	28.40	16.02
风沙土	流动风沙土	沙质风积物	4.75	25.51	15.88
褐土	淋溶褐土	硅质残坡积物	6.33	31.48	15.81
石质土	钙质石质土	钙质残坡积物	10.32	25.97	15.73
褐土	淋溶褐土	中壤质洪冲积物	7.44	24.53	15.67
褐土	潮褐土	轻壤质洪冲积物	4.75	34.45	15.55
棕壤	棕壤	壤质洪冲积物	12.99	17.10	15.41
砂姜黑土	砂姜黑土	脱沼泽中壤质	6.94	29.94	15.32
潮土	潮土	沙壤质冲积物	4.57	30.68	14.82
棕壤	棕壤性土	酸性硅铝质残坡积物	9.76	17.86	14.77
石质土	硅质石质土	硅质残坡积物	5.42	25.19	14.66
褐土	褐土性土	酸性硅铝质残坡积物	7.68	22.82	14.64
棕壤	棕壤	硅质残坡积物	12.66	15.31	14.26
新积土	新积土	沙质冲积物	12.74	15.05	13.98
褐土	褐土性土	中性硅铝质残坡积物	8.76	18.21	13.77
潮土	潮土	沙质冲积物	3.75	30.27	13.74
石质土	硅铝质石质土	中性硅铝质残坡积物	7.09	22.96	13.65
褐土	淋溶褐土	轻壤质洪冲积物	5.70	26.47	13.65
棕壤	棕壤	酸性硅铝质残坡积物	7.61	17.10	13.50
褐土	潮褐土	沙壤质洪冲积物	5.03	32.20	13.36
红黏土	红黏土	红土物质	8.97	22.06	13.34
褐土	淋溶褐土	沙壤质洪冲积物	5.75	27.11	13.28
褐土	褐土性土	钙质残坡积物	10.15	22.27	13.15
褐土	淋溶褐土	酸性硅铝质残坡积物	4.31	20.03	12.78
褐土	淋溶褐土	中性硅铝质残坡积物	10.82	13.39	12.73
水稻土	淹育型水稻土	壤质洪冲积物	6.19	19.76	12.69
褐土	褐土性土	硅质残坡积物	4.30	20.16	12.68
粗骨土	酸性硅铝质粗骨土	酸性硅铝质残坡积物	9.70	16.69	12.08

土类	亚类	土属	最小值	最大值	平均值
潮土	盐化潮土	氯化物湿黏质	1.08	25.94	11.92
潮土	脱潮土	壤质冲积物	6.38	24.02	11.39
褐土	淋溶褐土	沙质洪冲积物	5.31	21.09	11.23
褐土	潮褐土	矿质洪冲积物	4.07	25.23	9.99

二、土壤有机质含量分级及特点

全市耕地土壤有机质含量处于 2 至 6 级之间，其中最多的为 4 级，面积 5816171 亩，占总耕地面积的 70.6%；最少的为 2 级，面积 16726.0 亩，占总耕地面积的 0.2%。没有 1 级。2 级主要分布在古冶区、丰南区。3 级主要分布在乐亭县、玉田县、丰润区。4 级主要分布在丰润区、滦南县、遵化市、玉田县。5 级主要分布在迁安市、滦县、滦南县、丰南区。6 级主要分布在唐海（曹妃甸）县、滦县、迁安市（见表 4 - 7）。

表 4 - 7 耕地耕层有机质含量分级及面积

级别	1	2	3	4	5	6
范围/（g/kg）	>40	30 ~ 40	20 ~ 30	10 ~ 20	6 - 10	≤6
耕地面积/亩	0.0	16726.0	1764734.0	5816171.0	624748.6	16835.4
占总耕地（%）	0.0	0.2	21.4	70.6	7.6	0.2

（一）耕地耕层有机质含量 2 级地行政区域分布特点

2 级地面积为 16726.0 亩，占总耕地面积的 0.2%。古冶区面积为 12173.1 亩，占本级耕地面积的 72.79%；丰南区面积为 3893.38 亩，占本级耕地面积的 23.28%；路南区面积为 341.99 亩，占本级耕地面积的 2.04%。详细分析结果见表 4 - 8。

表 4 - 8 耕地耕层有机质 2 级区域分布

县（市、区）	面积/亩	占本级面积（%）
古冶区	12173.1	72.79
丰南区	3893.38	23.28
路南区	341.99	2.04
玉田县	302.73	1.81
路北区	8.42	0.05
开平区	6.38	0.03

（二）耕地耕层有机质含量 3 级地行政区域分布特点

3 级地面积为 1764734.00 亩，占总耕地面积的 21.4%。3 级地主要分布在乐亭县，面积为 596606.0 亩，占本级耕地面积的 33.81%；玉田县面积为 406632.8 亩，占本级耕地面积的 23.04%；丰润区面积为 187108.00 亩，占本级耕地面积的 10.60%。详细分析结果见表 4 - 9。

表 4 - 9　耕地耕层有机质 3 级区域分布

县（市、区、场）	面积/亩	占本级面积（%）
乐亭县	596606.00	33.81
玉田县	406632.80	23.04
丰润区	187108.00	10.60
丰南区	111521.60	6.32
开平区	105110.10	5.96
古冶区	92232.21	5.22
唐海（曹妃甸）县	84498.14	4.79
滦南县	40064.07	2.27
汉沽农场	37829.03	2.14
遵化市	35434.09	2.01
滦县	30463.26	1.73
路北区	11498.68	0.65
芦台农场	10649.62	0.60
路南区	7554.73	0.43
迁安市	4088.37	0.23
迁西县	3443.30	0.20

（三）耕地耕层有机质含量 4 级地行政区域分布特点

4 级地面积为 5816171.0 亩，占总耕地面积的 70.6%。4 级地主要分布在滦南县，面积为 883531.68 亩，占本级耕地面积的 15.18%；丰润区面积为 879327.90 亩，占本级耕地面积的 15.12%；遵化市面积为 695351.91 亩，占本级耕地面积的 11.96%。详细分析结果见表 4 - 10。

表 4 - 10　耕地耕层有机质 4 级区域分布

县（市、区、场）	面积/亩	占本级面积（%）
滦南县	883531.68	15.18
丰润区	879327.90	15.12

县（市、区、场）	面积/亩	占本级面积（%）
遵化市	695351.91	11.96
玉田县	672609.78	11.56
滦县	582709.10	10.02
丰南区	571015.57	9.82
迁安市	398212.80	6.85
乐亭县	335394.00	5.77
迁西县	265044.30	4.56
唐海（曹妃甸）县	243753.82	4.19
芦台农场	109725.38	1.89
汉沽农场	61760.67	1.06
开平区	52447.05	0.90
古冶区	43725.86	0.75
路北区	12462.90	0.21
路南区	9098.28	0.16

（四）耕地耕层有机质含量 5 级地行政区域分布特点

5 级地面积为 624748.6 亩，占总耕地面积的 7.6%。5 级地主要分布在迁安市，面积为 241568.10 亩，占本级耕地面积的 38.67%；滦县面积为 187594.39 亩，占本级耕地面积的 30.03%；滦南县面积为 134989.80 亩，占本级耕地面积的 21.61%。详细分析结果见表 4-11。

表 4-11 耕地耕层有机质 5 级区域分布

县（市、区）	面积/亩	占本级面积（%）
迁安市	241568.10	38.67
滦县	187594.39	30.03
滦南县	134989.80	21.61
丰南区	38192.91	6.11
迁西县	9312.40	1.49
唐海（曹妃甸）县	6587.81	1.05
古冶区	3278.83	0.53
丰润区	2766.10	0.44
玉田县	431.79	0.07
开平区	26.47	0.00

（五）耕地耕层有机质含量 6 级地行政区域分布特点

6 级地面积为 16835.4 亩，占总耕地面积的 0.2%。6 级地主要分布在滦县，面积为 5233.25 亩，占本级耕地面积的 31.07%；迁安市面积为 5187.73 亩，占本级耕地面积的 30.83%；唐海（曹妃甸）县面积为 3480.23 亩，占本级耕地面积的 20.67%。详细分析结果见表 4-12。

表 4-12 耕地耕层有机质 6 级区域分布

县（市、区、场）	面积/亩	占本级面积（%）
滦县	5233.25	31.07
迁安市	5187.73	30.83
唐海（曹妃甸）县	3480.23	20.67
滦南县	1534.45	9.11
丰南区	1376.54	8.18
玉田县	12.90	0.08
汉沽农场	10.30	0.06

第三节　全氮

一、耕层土壤全氮含量及分布特点

本次耕地地力调查共化验分析耕层土壤样本 56361 个，我们应用克里金空间插值技术并对其进行空间分析得知，全市耕层土壤全氮含量平均为 0.92g/kg，变化幅度为 0.17～39.19g/kg。

（一）耕层土壤全氮含量的行政区域分布特点

利用行政区划图对土壤全氮含量栅格数据进行区域统计发现，土壤全氮含量平均值达到 0.95g/kg 的县（市、区、场）有玉田县、乐亭县、丰润区、路北区、汉沽农场、芦台农场、唐海（曹妃甸）县、开平区，面积 3821045.0 亩，占全市总耕地面积的 46.4%，其中玉田县、乐亭县 2 个县（市、区、场）平均含量超过了 1.10g/kg，面积合计为 2011990.0 亩，占全市总耕地面积的 24.4%。平均值小于 0.95g/kg 的县（市、区、场）有遵化市、迁西县、古冶区、路南区、滦南县、丰南区、滦县、迁安市，面积 4418168.0 亩，占全市总耕地面积的 53.6%，其中滦县、迁安市 2 个县（市、区、场）平均含量低于 0.80g/kg，面积合计为 1455057.0 亩，占全市总耕地面积的 17.7%。具体的分析结果见表 4-13。

表 4 – 13　不同行政区域耕层土壤全氮含量的分布特点

县（市、区、场）	面积/亩	占总耕地（%）	最小值/（g/kg）	最大值/（g/kg）	平均值/（g/kg）
玉田县	1079990.0	13.1	0.64	1.85	1.18
乐亭县	932002.0	11.3	0.75	1.43	1.11
丰润区	1069202.0	13.0	0.17	1.82	1.06
路北区	23970.0	0.3	0.73	1.69	1.04
汉沽农场	99600.0	1.2	0.78	1.34	1.03
芦台农场	120375.0	1.5	0.73	1.61	1.00
唐海（曹妃甸）县	338320.0	4.1	0.31	2.25	0.99
开平区	157590.0	1.9	0.51	1.60	0.96
遵化市	730786.0	8.9	0.41	1.54	0.93
迁西县	277800.0	3.4	0.31	5.13	0.93
古冶区	151410.0	1.8	0.27	2.34	0.92
路南区	16995.0	0.2	0.69	1.12	0.89
滦南县	1060120.0	12.9	0.29	2.26	0.84
丰南区	726000.0	8.8	0.55	1.78	0.82
滦县	806000.0	9.8	0.19	39.19	0.72
迁安市	649057.0	7.9	0.31	1.88	0.72

（二）耕层土壤全氮含量与土壤质地的关系

利用土壤质地图对土壤全氮含量栅格数据进行区域统计发现，土壤全氮含量最高的质地是黏质，平均含量达到了 1.02g/kg，变化幅度为 0.31～2.24g/kg，而最低的质地为沙质，平均含量为 0.70g/kg，变化幅度为 0.19～36.45g/kg。各质地全氮含量平均值由大到小的排列顺序为：黏质、中壤质、轻壤质、沙壤质、沙质。具体的分析结果见表4 – 14。

表 4 – 14　不同土壤质地与耕层土壤全氮含量的分布特点　　　　单位：g/kg

土壤质地	最小值	最大值	平均值
黏质	0.31	2.24	1.02
中壤质	0.28	2.78	1.01
轻壤质	0.17	6.83	0.94
沙壤质	0.21	39.19	0.82
沙质	0.19	36.45	0.70

（三）耕层土壤全氮含量与土壤分类的关系

1. 耕层土壤全氮含量与土类的关系

土壤全氮含量最高的土类是砂姜黑土，平均含量达到了 1.08g/kg，变化幅度为 0.55～1.82g/kg，而最低的土类为风沙土，平均含量为 0.75g/kg，变化幅度为 0.31～1.36g/kg。各土类全氮含量平均值由大到小的排列顺序见表 4－15。

表 4－15　不同土类耕层土壤全氮含量的分布特点　　　单位：g/kg

土壤类型	最小值	最大值	平均值
砂姜黑土	0.55	1.82	1.08
新积土	0.62	1.49	1.06
水稻土	0.31	2.24	1.02
粗骨土	0.33	4.62	0.99
潮土	0.27	2.26	0.98
沼泽土	0.57	2.25	0.97
石质土	0.34	4.17	0.96
棕壤	0.50	2.78	0.89
褐土	0.17	39.19	0.87
红黏土	0.61	1.16	0.87
滨海盐土	0.55	2.14	0.85
风沙土	0.31	1.36	0.75

2. 耕层土壤全氮含量与亚类的关系

土壤全氮含量最高的亚类是潮土—湿潮土，平均含量达到了 1.19g/kg，变化幅度为 0.64～1.51g/kg，而最低的亚类为水稻土—淹育型水稻土，平均含量为 0.73g/kg，变化幅度为 0.34～1.03g/kg。各亚类全氮含量平均值由大到小的排列顺序见表 4－16。

表 4－16　不同亚类耕层土壤全氮含量的分布特点　　　单位：g/kg

土类	亚类	最小值	最大值	平均值
潮土	湿潮土	0.64	1.51	1.19
砂姜黑土	砂姜黑土	0.55	1.82	1.10
新积土	新积土	0.62	1.49	1.06
砂姜黑土	盐化砂姜黑土	0.55	1.77	1.03
水稻土	潴育型水稻土	0.31	2.24	1.03
沼泽土	草甸沼泽土	0.61	1.82	1.01
褐土	石灰性褐土	0.46	1.85	1.00

续表

土类	亚类	最小值	最大值	平均值
粗骨土	钙质粗骨土	0.33	2.12	1.00
潮土	盐化潮土	0.47	1.67	0.99
沼泽土	盐化沼泽土	0.57	2.25	0.99
潮土	潮土	0.27	2.26	0.98
石质土	硅质石质土	0.34	4.17	0.97
褐土	褐土	0.72	1.16	0.96
石质土	钙质石质土	0.46	1.53	0.92
沼泽土	沼泽土	0.61	1.61	0.92
褐土	褐土性土	0.31	5.13	0.91
褐土	淋溶褐土	0.28	6.67	0.91
棕壤	棕壤	0.50	2.78	0.90
棕壤	棕壤性土	0.59	1.07	0.89
石质土	硅铝质石质土	0.35	1.59	0.88
红黏土	红黏土	0.61	1.16	0.87
滨海盐土	滨海盐土	0.55	2.14	0.85
粗骨土	酸性硅铝质粗骨土	0.37	4.62	0.85
褐土	潮褐土	0.17	39.19	0.83
风沙土	流动风沙土	0.31	1.36	0.75
潮土	脱潮土	0.43	1.47	0.75
水稻土	淹育型水稻土	0.34	1.03	0.73

3. 耕层土壤全氮含量与土属的关系

土壤全氮含量最高的土属是潮土—脱潮土—沙质冲积物，平均含量达到了 1.25g/kg，变化幅度为 0.99～1.47g/kg，而最低的土属为水稻土—淹育型水稻土—壤质洪冲积物，平均含量为 0.52g/kg，变化幅度为 0.34～0.66g/kg。各土属全氮含量平均值由大到小的排列顺序见表 4-17。

表 4-17 不同土属耕层土壤全氮含量的分布特点 单位：g/kg

土类	亚类	土属	最小值	最大值	平均值
潮土	脱潮土	沙质冲积物	0.99	1.47	1.25
潮土	潮土	黏质冲积物	0.74	1.72	1.24
潮土	盐化潮土	硫酸盐—氯化物中壤质	1.16	1.30	1.23

续表

土类	亚类	土属	最小值	最大值	平均值
砂姜黑土	砂姜黑土	脱沼泽黏质	0.57	1.82	1.23
水稻土	潴育型水稻土	氯化物轻壤质	0.78	1.39	1.19
潮土	湿潮土	黏质湖相	0.64	1.51	1.19
潮土	潮土	中壤质冲积物	0.59	2.10	1.17
潮土	盐化潮土	氯化物中壤质	0.70	1.24	1.06
新积土	新积土	沙质冲积物	0.62	1.49	1.06
褐土	石灰性褐土	钙质残坡积物	0.73	1.60	1.05
潮土	潮土	轻壤质冲积物	0.44	2.26	1.04
沼泽土	草甸沼泽土	黏质湖相	0.61	1.82	1.04
砂姜黑土	盐化砂姜黑土	硫酸盐—氯化物湿黏质	0.55	1.77	1.03
褐土	淋溶褐土	钙质残坡积物	0.31	2.12	1.03
潮土	盐化潮土	硫酸盐—氯化物湿黏质	0.60	1.45	1.02
水稻土	潴育型水稻土	氯化物黏质	0.31	2.24	1.01
潮土	盐化潮土	氯化物沙质	0.47	1.67	1.01
褐土	潮褐土	中壤质洪冲积物	0.44	2.34	1.01
粗骨土	钙质粗骨土	钙质残坡积物	0.33	2.12	1.00
潮土	盐化潮土	氯化物—硫酸盐轻壤质	0.66	1.61	1.00
潮土	盐化潮土	氯化物黏质	0.74	1.22	0.99
棕壤	棕壤	硅质残坡积物	0.69	1.17	0.99
沼泽土	盐化沼泽土	氯化物	0.57	2.25	0.99
滨海盐土	滨海盐土	生草中壤质海相	0.81	1.39	0.98
潮土	盐化潮土	氯化物轻壤质	0.49	1.22	0.98
水稻土	潴育型水稻土	氯化物黏质湖相	0.76	1.22	0.98
石质土	硅质石质土	硅质残坡积物	0.34	4.17	0.97
褐土	褐土	壤质洪冲积物	0.72	1.16	0.96
褐土	石灰性褐土	壤质洪冲积物	0.46	1.85	0.96
潮土	盐化潮土	氯化物—硫酸盐中壤质	0.68	1.39	0.96
褐土	淋溶褐土	中壤质洪冲积物	0.28	1.88	0.93
滨海盐土	滨海盐土	生草沙壤质海相	0.93	0.93	0.93
滨海盐土	滨海盐土	生草轻壤质海相	0.93	0.93	0.93
滨海盐土	滨海盐土	沙质海相	0.93	0.93	0.93

续表

土类	亚类	土属	最小值	最大值	平均值
褐土	褐土性土	酸性硅铝质残坡积物	0.55	1.47	0.93
棕壤	棕壤	壤质洪冲积物	0.78	1.03	0.93
潮土	盐化潮土	氯化物—硫酸盐黏质	0.60	1.59	0.93
石质土	钙质石质土	钙质残坡积物	0.46	1.53	0.92
沼泽土	沼泽土	黏质湖相	0.61	1.61	0.92
褐土	淋溶褐土	硅质残坡积物	0.36	1.90	0.92
褐土	褐土性土	中性硅铝质残坡积物	0.44	1.68	0.92
褐土	褐土性土	硅质残坡积物	0.31	5.13	0.91
水稻土	潴育型水稻土	氯化物中壤质	0.43	1.12	0.91
沼泽土	草甸沼泽土	壤质冲积物	0.74	1.09	0.90
褐土	潮褐土	轻壤质洪冲积物	0.17	6.83	0.90
棕壤	棕壤性土	酸性硅铝质残坡积物	0.59	1.07	0.89
石质土	硅铝质石质土	中性硅铝质残坡积物	0.35	1.59	0.88
棕壤	棕壤	酸性硅铝质残坡积物	0.50	2.78	0.88
潮土	盐化潮土	氯化物湿中壤	0.79	1.12	0.88
潮土	盐化潮土	氯化物湿黏质	0.67	1.13	0.87
水稻土	淹育型水稻土	壤质冲积物	0.48	1.03	0.87
红黏土	红黏土	红土物质	0.61	1.16	0.87
褐土	淋溶褐土	轻壤质洪冲积物	0.30	6.67	0.87
砂姜黑土	砂姜黑土	脱沼泽中壤质	0.55	1.67	0.86
褐土	淋溶褐土	沙壤质洪冲积物	0.30	4.55	0.86
潮土	盐化潮土	硫酸盐—氯化物湿中壤	0.69	1.33	0.85
滨海盐土	滨海盐土	生草黏质海相	0.55	2.14	0.85
粗骨土	酸性硅铝质粗骨土	酸性硅铝质残坡积物	0.37	4.62	0.85
褐土	淋溶褐土	黄土壮物质	0.69	0.99	0.85
褐土	淋溶褐土	酸性硅铝质残坡积物	0.32	5.11	0.84
褐土	潮褐土	人工堆垫壤质	0.69	1.00	0.83
潮土	潮土	沙壤质冲积物	0.31	2.15	0.81
褐土	淋溶褐土	中性硅铝质残坡积物	0.74	0.89	0.81
滨海盐土	滨海盐土	黏质海相	0.55	1.16	0.80

土类	亚类	土属	最小值	最大值	平均值
褐土	褐土性土	钙质残坡积物	0.59	1.48	0.80
褐土	潮褐土	沙壤质洪冲积物	0.21	39.19	0.76
风沙土	流动风沙土	沙质风积物	0.31	1.36	0.75
潮土	潮土	沙质冲积物	0.27	1.65	0.75
褐土	淋溶褐土	沙质洪冲积物	0.35	1.95	0.69
潮土	脱潮土	壤质冲积物	0.43	1.13	0.68
褐土	潮褐土	矿质洪冲积物	0.19	36.45	0.60
水稻土	淹育型水稻土	壤质洪冲积物	0.34	0.66	0.52

二、耕层土壤全氮含量分级及特点

全市耕地土壤全氮含量处于 1 至 6 级之间，其中最多的为 4 级，面积 4105739.58 亩，占总耕地面积的 49.8%；最少的为 1 级，面积 5952.0 亩，占总耕地面积的 0.1%。1 级主要分布在迁西县。2 级主要分布在玉田县、丰润区、迁西县。3 级主要分布在玉田县、丰润区、遵化市。4 级主要分布在乐亭县、滦南县、丰南区、遵化市。5 级主要分布在迁安市、滦县、滦南县、迁西县。6 级主要分布在滦县、迁安市、滦南县、迁西县（见表 4 - 18）。

表 4 - 18　耕地耕层全氮含量分级及面积

级别	1	2	3	4	5	6
范围/（g/kg）	>2.0	2.0~1.5	1.5~1.0	1.0~0.75	0.75~0.5	≤0.50
耕地面积/亩	5952.0	73536.11	2248620.34	4105739.58	1424249.0	381117.97
占总耕地（%）	0.1	0.9	27.3	49.8	17.3	4.6

（一）耕地耕层全氮含量 1 级地行政区域分布特点

1 级地面积为 5952.0 亩，占总耕地面积的 0.1%。迁西县面积为 3665.0 亩，占本级耕地面积的 61.6%；唐海（曹妃甸）县面积为 2287.0 亩，占本级耕地面积的 38.4%。

（二）耕地耕层全氮含量 2 级地行政区域分布特点

2 级地面积为 73536.11 亩，占总耕地面积的 0.9%。2 级地主要分布在玉田县，面积为 32123.0 亩，占本级耕地面积的 43.68%；丰润区面积为 27165.11 亩，占本级耕地面积的 36.94%；迁西县面积为 8794.0 亩，占本级耕地面积的 11.96%。详细分析结果见表 4 - 19。

表4-19 耕地耕层全氮含量2级地行政分布

县（市、区、场）	面积/亩	占本级面积（%）
玉田县	32123.00	43.68
丰润区	27165.11	36.94
迁西县	8794.00	11.96
唐海（曹妃甸）县	4704.00	6.40
芦台农场	357.90	0.49
滦南县	252.00	0.34
路北区	140.10	0.19

（三）耕地耕层全氮含量3级地行政区域分布特点

3级地面积为2248620.34亩，占总耕地面积的27.3%。3级地主要分布在玉田县，面积为883917.0亩，占本级耕地面积的39.31%；丰润区面积为617431.0亩，占本级耕地面积的27.47%；遵化市面积为214682.0亩，占本级耕地面积的9.55%。详细分析结果见表4-20。

表4-20 耕地耕层全氮含量3级地行政分布

县（市、区、场）	面积/亩	占本级面积（%）
玉田县	883917.00	39.31
丰润区	617431.00	27.47
遵化市	214682.00	9.55
开平区	65062.37	2.89
唐海（曹妃甸）县	64383.00	2.86
汉沽农场	63475.00	2.82
芦台农场	53976.83	2.40
古冶区	51745.00	2.30
迁安市	50192.00	2.23
丰南区	46216.00	2.06
滦南县	43270.00	1.92
迁西县	43216.00	1.92
滦县	33372.00	1.48
路北区	13405.20	0.60
路南区	3753.97	0.17
乐亭县	522.97	0.02

（四）耕地耕层全氮含量4级地行政区域分布特点

4级地面积为4105739.58亩，占总耕地面积的49.8%。4级地主要分布在乐亭县，面积为931279.5亩，占本级耕地面积的22.69%；滦南县面积为622793.0亩，占本级耕地面积的15.17%；丰南区面积为587826.0亩，占本级耕地面积的14.32%。详细分析结果见表4-21。

表4-21 耕地耕层全氮含量4级地行政分布

县（市、区、场）	面积/亩	占本级面积（%）
乐亭县	931279.50	22.69
滦南县	622793.00	15.17
丰南区	587826.00	14.32
遵化市	464558.00	11.31
丰润区	327185.00	7.97
唐海（曹妃甸）县	251043.00	6.11
滦县	191654.00	4.67
迁安市	187724.00	4.57
玉田县	161819.00	3.94
迁西县	110805.00	2.70
开平区	79762.70	1.94
古冶区	66151.40	1.61
芦台农场	65283.20	1.59
汉沽农场	36125.00	0.88
路南区	11321.80	0.28
路北区	10408.98	0.25

（五）耕地耕层全氮含量5级地行政区域分布特点

5级地面积为1424249.0亩，占总耕地面积的17.3%。5级地主要分布在迁安市，面积为362294.0亩，占本级耕地面积的25.45%；滦南县面积为346437.0亩，占本级耕地面积的24.32%；滦县面积为319657.0亩，占本级耕地面积的22.44%。详细分析结果见表4-22。

表4-22 耕地耕层全氮含量5级地行政分布

县（市、区、场）	面积/亩	占本级面积（%）
迁安市	362294.00	25.45
滦南县	346437.00	24.32

县（市、区、场）	面积/亩	占本级面积（%）
滦县	319657.00	22.44
迁西县	102564.00	7.20
丰南区	91951.00	6.46
丰润区	89992.81	6.32
遵化市	51019.00	3.58
古冶区	27210.59	1.91
唐海（曹妃甸）县	15348.00	1.08
开平区	12755.05	0.90
玉田县	2131.00	0.15
路南区	1919.23	0.13
芦台农场	757.07	0.05
乐亭县	197.53	0.01
路北区	15.72	0.00

（六）耕地耕层全氮含量6级地行政区域分布特点

6级地面积为381117.97亩，占总耕地面积的4.6%。6级地主要分布在滦县，面积为261317.0亩，占本级耕地面积的68.56%；迁安市面积为48847.0亩，占本级耕地面积的12.82%；滦南县面积为47368.0亩，占本级耕地面积的12.43%。详细分析结果见表4－23。

表4－23 耕地耕层全氮含量6级地行政分布

县（市、区）	面积/亩	占本级面积（%）
滦县	261317.00	68.56
迁安市	48847.00	12.82
滦南县	47368.00	12.43
迁西县	8756.00	2.3
丰润区	7428.08	1.95
古冶区	6303.01	1.65
唐海（曹妃甸）县	555.00	0.15
遵化市	527.00	0.14
开平区	9.88	0
丰南区	7.00	0

第四节　有效磷

一、耕层土壤有效磷含量及分布特点

本次耕地地力调查共化验分析耕层土壤样本 56361 个，我们应用克里金空间插值技术并对其进行空间分析得知，全市耕层土壤有效磷含量平均为 26.91mg/kg，变化幅度为 3.47～84.54mg/kg。

（一）耕层土壤有效磷含量的行政区域分布特点

利用行政区划图对土壤有效磷含量栅格数据进行区域统计发现，土壤有效磷含量平均值达到 30.00mg/kg 的县（市、区）有路北区、路南区、滦县、迁西县、遵化市，面积为 1855551.0 亩，占全市总耕地面积的 22.5%，其中，平均值小于 30.00mg/kg 的县（市、区、场）有丰润区、玉田县、开平区、迁安市、滦南县、古冶区、丰南区、汉沽农场、乐亭县、唐海（曹妃甸）县、芦台农场，面积为 6383662.0 亩，占全市总耕地面积的 77.5%，其中唐海（曹妃甸）县、芦台农场平均含量低于 15.00mg/kg，面积合计为 458695.0 亩，占全市总耕地面积的 5.6%。具体的分析结果见表 4－24。

表 4－24　不同行政区域耕层土壤有效磷含量的分布特点

县（市、区、场）	面积/亩	占总耕地（%）	最小值/（mg/kg）	最大值/（mg/kg）	平均值/（mg/kg）
路北区	23970.0	0.3	15.61	68.11	39.42
路南区	16995.0	0.2	16.41	56.30	31.85
滦县	806000.0	9.8	8.84	76.05	31.69
迁西县	277800.0	3.4	14.01	62.56	31.51
遵化市	730786.0	8.9	10.29	60.53	30.69
丰润区	1069202.0	13.0	8.46	66.02	29.70
玉田县	1079990.0	13.0	3.47	84.54	28.39
开平区	157590.0	1.9	5.96	56.11	26.57
迁安市	649057.0	7.9	5.83	63.31	25.88
滦南县	1060120.0	12.9	5.50	67.47	25.49
古冶区	151410.0	1.8	4.57	58.92	25.01
丰南区	726000.0	8.8	5.78	67.53	24.25
汉沽农场	99600.0	1.2	7.32	67.52	22.16
乐亭县	932000.0	11.3	6.60	59.57	21.93
唐海（曹妃甸）县	338320.0	4.1	5.80	41.11	14.62
芦台农场	120375.0	1.5	6.87	26.83	13.44

（二）耕层土壤有效磷含量与土壤质地的关系

利用土壤质地图对土壤有效磷含量栅格数据进行区域统计发现，土壤有效磷含量最高的质地是沙质，平均含量达到了 29.36mg/kg，变化幅度为 6.60 ~ 76.96mg/kg，而最低的质地为黏质，平均含量为 19.80mg/kg，变化幅度为 3.98 ~ 67.53mg/kg。各质地有效磷含量平均值由大到小的排列顺序为：沙质、沙壤质、中壤质、轻壤质、黏质。具体的分析结果见表 4 - 25。

表 4 - 25　不同土壤质地与耕层土壤有效磷含量的分布特点　　单位：mg/kg

土壤质地	最小值	最大值	平均值
沙质	6.60	76.96	29.36
沙壤质	5.50	76.05	29.17
中壤质	3.47	84.54	28.38
轻壤质	4.57	68.10	26.36
黏质	3.98	67.53	19.80

（三）耕层土壤有效磷含量与土壤分类的关系

1. 耕层土壤有效磷含量与土类的关系

土壤有效磷含量最高的土类是新积土，平均含量达到了 32.01mg/kg，变化幅度为 29.73 ~ 36.90mg/kg，而最低的土类为水稻土，平均含量为 16.45mg/kg，变化幅度为 5.80 ~ 49.58mg/kg。各土类有效磷含量平均值由大到小的排列顺序见表 4 - 26。

表 4 - 26　不同土类耕层土壤有效磷含量的分布特点　　单位：mg/kg

土壤类型	最小值	最大值	平均值
新积土	29.73	36.90	32.01
褐土	4.57	84.54	30.20
石质土	5.18	62.55	29.97
粗骨土	7.00	62.56	28.68
潮土	3.47	76.96	26.42
棕壤	13.88	42.06	25.70
风沙土	6.60	58.38	24.52
红黏土	14.53	36.68	22.55
砂姜黑土	3.98	61.94	22.34
沼泽土	6.96	50.69	18.84
滨海盐土	6.10	47.34	18.17
水稻土	5.80	49.58	16.45

2. 耕层土壤有效磷含量与亚类的关系

土壤有效磷含量最高的亚类是新积土—新积土，平均含量达到了 32.01mg/kg，变化幅度为 29.73 ~ 36.90mg/kg，而最低的亚类为沼泽土—盐化沼泽土，平均含量为 15.25mg/kg，变化幅度为 6.96 ~ 38.05mg/kg。各亚类有效磷含量平均值由大到小的排列顺序见表 4 – 27。

表 4 – 27　不同亚类耕层土壤有效磷含量的分布特点　　单位：mg/kg

土类	亚类	最小值	最大值	平均值
新积土	新积土	29.73	36.90	32.01
粗骨土	酸性硅铝质粗骨土	20.10	39.70	31.75
潮土	湿潮土	11.00	53.10	31.37
褐土	潮褐土	4.57	84.54	31.04
石质土	硅铝质石质土	14.71	47.93	30.96
褐土	褐土	15.73	50.85	30.69
石质土	钙质石质土	12.93	62.55	30.43
褐土	褐土性土	12.21	49.56	30.12
石质土	硅质石质土	5.18	58.94	29.81
褐土	淋溶褐土	4.57	61.32	29.08
粗骨土	钙质粗骨土	7.00	62.56	28.51
潮土	潮土	5.50	75.21	27.63
棕壤	棕壤	13.89	40.26	27.10
潮土	脱潮土	6.77	46.03	25.55
褐土	石灰性褐土	11.13	42.70	24.55
风沙土	流动风沙土	6.60	58.38	24.52
水稻土	淹育型水稻土	12.31	42.30	24.16
棕壤	棕壤性土	13.88	42.06	24.16
潮土	盐化潮土	3.47	76.96	22.96
沼泽土	草甸沼泽土	9.21	50.69	22.83
砂姜黑土	盐化砂姜黑土	5.83	61.94	22.61
红黏土	红黏土	14.53	36.68	22.55
砂姜黑土	砂姜黑土	3.98	55.54	22.24
沼泽土	沼泽土	9.09	41.24	20.79

续表

土类	亚类	最小值	最大值	平均值
滨海盐土	滨海盐土	6.10	47.34	18.17
水稻土	潴育型水稻土	5.80	49.58	16.22
沼泽土	盐化沼泽土	6.96	38.05	15.25

3. 耕层土壤有效磷含量与土属的关系

土壤有效磷含量最高的土属是潮土—盐化潮土—氯化物沙质，平均含量达到了 36.45mg/kg，变化幅度为 10.37~76.96mg/kg，而最低的土属为潮土—盐化潮土—氯化物湿黏质，平均含量为 12.94mg/kg，变化幅度为 6.70~33.50mg/kg。各土属有效磷含量平均值由大到小的排列顺序见表 4 – 28。

表 4 – 28　不同土属耕层土壤有效磷含量的分布特点　　单位：mg/kg

土类	亚类	土属	最小值	最大值	平均值
潮土	盐化潮土	氯化物沙质	10.37	76.96	36.45
褐土	淋溶褐土	黄土壮物质	31.93	39.91	35.74
褐土	褐土性土	酸性硅铝质残坡积物	13.04	41.52	33.34
棕壤	棕壤	硅质残坡积物	30.06	36.59	32.45
新积土	新积土	沙质冲积物	29.73	36.90	32.01
粗骨土	酸性硅铝质粗骨土	酸性硅铝质残坡积物	20.10	39.70	31.75
褐土	潮褐土	沙壤质洪冲积物	5.83	76.05	31.68
褐土	潮褐土	中壤质洪冲积物	4.57	84.54	31.42
潮土	湿潮土	黏质湖相	11.00	53.10	31.37
潮土	潮土	中壤质冲积物	6.35	75.21	31.11
石质土	硅铝质石质土	中性硅铝质残坡积物	14.71	47.93	30.96
褐土	潮褐土	轻壤质洪冲积物	4.57	68.10	30.94
褐土	褐土	壤质洪冲积物	15.73	50.85	30.69
石质土	钙质石质土	钙质残坡积物	12.93	62.55	30.43
褐土	淋溶褐土	中壤质洪冲积物	9.81	61.32	30.25
褐土	褐土性土	硅质残坡积物	12.21	49.56	30.03
潮土	盐化潮土	硫酸盐—氯化物中壤质	13.39	37.21	29.89
褐土	淋溶褐土	沙壤质洪冲积物	8.46	58.95	29.83
石质土	硅质石质土	硅质残坡积物	5.18	58.94	29.81

土类	亚类	土属	最小值	最大值	平均值
褐土	潮褐土	矿质洪冲积物	6.75	69.43	29.62
棕壤	棕壤	壤质洪冲积物	14.90	40.26	29.34
褐土	淋溶褐土	轻壤质洪冲积物	4.57	56.98	29.09
褐土	潮褐土	人工堆垫壤质	18.97	55.15	29.06
潮土	盐化潮土	氯化物—硫酸盐中壤质	3.47	70.35	29.00
褐土	淋溶褐土	钙质残坡积物	5.16	59.93	28.64
褐土	褐土性土	中性硅铝质残坡积物	16.79	39.12	28.53
粗骨土	钙质粗骨土	钙质残坡积物	7.00	62.56	28.51
褐土	淋溶褐土	酸性硅铝质残坡积物	5.83	49.19	28.46
褐土	淋溶褐土	硅质残坡积物	5.18	57.42	28.13
褐土	褐土性土	钙质残坡积物	14.62	37.50	26.70
潮土	潮土	沙壤质冲积物	5.50	60.61	26.58
潮土	脱潮土	壤质冲积物	10.82	46.03	26.41
褐土	淋溶褐土	沙质洪冲积物	11.14	43.67	26.39
潮土	潮土	沙质冲积物	8.84	58.37	26.21
潮土	潮土	轻壤质冲积物	7.62	67.47	26.21
棕壤	棕壤	酸性硅铝质残坡积物	13.89	38.82	26.16
潮土	盐化潮土	氯化物—硫酸盐黏质	5.01	59.75	25.29
潮土	盐化潮土	硫酸盐—氯化物湿中壤	10.56	37.28	24.94
水稻土	淹育型水稻土	壤质冲积物	15.61	42.30	24.84
褐土	石灰性褐土	钙质残坡积物	11.75	36.86	24.58
褐土	石灰性褐土	壤质洪冲积物	11.13	42.70	24.55
风沙土	流动风沙土	沙质风积物	6.60	58.38	24.52
棕壤	棕壤性土	酸性硅铝质残坡积物	13.88	42.06	24.16
砂姜黑土	砂姜黑土	脱沼泽中壤质	5.78	53.41	23.92
沼泽土	草甸沼泽土	黏质湖相	9.21	50.69	23.88
水稻土	潴育型水稻土	氯化物中壤质	7.08	49.58	23.62
潮土	盐化潮土	氯化物轻壤质	7.77	51.93	23.42
水稻土	淹育型水稻土	壤质洪冲积物	12.31	38.16	23.05
砂姜黑土	盐化砂姜黑土	硫酸盐—氯化物湿黏质	5.83	61.94	22.61
红黏土	红黏土	红土物质	14.53	36.68	22.56

续表

土类	亚类	土属	最小值	最大值	平均值
潮土	潮土	黏质冲积物	7.49	42.25	21.44
砂姜黑土	砂姜黑土	脱沼泽黏质	3.98	55.54	21.35
沼泽土	沼泽土	黏质湖相	9.09	41.24	20.79
潮土	盐化潮土	硫酸盐—氯化物湿黏质	6.05	67.53	20.63
潮土	盐化潮土	氯化物黏质	6.80	42.83	20.49
潮土	盐化潮土	氯化物中壤质	7.63	41.49	20.42
滨海盐土	滨海盐土	沙质海相	12.37	24.02	19.37
沼泽土	草甸沼泽土	壤质冲积物	12.36	31.73	19.26
潮土	脱潮土	沙质冲积物	6.77	36.40	19.09
滨海盐土	滨海盐土	生草黏质海相	6.30	47.34	18.88
滨海盐土	滨海盐土	生草轻壤质海相	8.03	35.78	18.24
潮土	盐化潮土	氯化物湿中壤	12.18	26.83	17.94
滨海盐土	滨海盐土	生草沙壤质海相	14.66	22.85	17.69
潮土	盐化潮土	氯化物沙壤质	11.10	28.90	17.50
滨海盐土	滨海盐土	生草中壤质海相	6.10	31.77	17.34
滨海盐土	滨海盐土	黏质海相	8.25	34.25	17.15
水稻土	潴育型水稻土	氯化物轻壤质	11.80	26.83	16.79
水稻土	潴育型水稻土	氯化物黏质湖相	11.10	25.05	16.63
褐土	淋溶褐土	中性硅铝质残坡积物	10.58	36.66	16.51
沼泽土	盐化沼泽土	氯化物	6.96	38.05	15.25
潮土	盐化潮土	氯化物—硫酸盐轻壤质	6.87	31.76	14.22
水稻土	潴育型水稻土	氯化物黏质	5.80	39.27	13.48
潮土	盐化潮土	氯化物湿黏质	6.70	33.50	12.94

二、耕层土壤有效磷含量分级及特点

全市耕地土壤有效磷含量处于 1~5 级之间，其中最多的为 2 级，面积 5391078.1 亩，占总耕地面积的 65.4%；最少的为 5 级，面积 327.6 亩；没有 6 级。1 级主要分布在滦县、玉田县、滦南县、丰润区、遵化市。2 级主要分布在丰润区、滦南县、玉田县、遵化市。3 级主要分布在乐亭县、玉田县、唐海（曹妃甸）县。4 级主要分布在唐海（曹妃甸）县、芦台农场、玉田县。5 级全部分布在玉田县（见表 4－29）。

表 4 – 29　耕地耕层有效磷含量分级及面积

级别	1	2	3	4	5	6
范围/（mg/kg）	>40	40～20	20～10	10～5	5～3	≤3
耕地面积/亩	795871.66	5391078.1	1948548.1	103389.59	327.6	0.0
占总耕地（%）	9.7	65.4	23.6	1.3	<0.1	0.0

（一）耕地耕层有效磷含量 1 级地行政区域分布特点

1 级地面积为 795871.66 亩，占总耕地面积的 9.7%。1 级地主要分布在滦县，面积为 191553.11 亩，占本级耕地面积的 24.08%；玉田县面积为 172000.05 亩，占本级耕地面积的 21.61%；滦南县面积为 138859.37 亩，占本级耕地面积的 17.45%。详细分析结果见表 4 – 30。

表 4 – 30　耕地耕层有效磷含量 1 级行政区域分布

县（市、区、场）	面积/亩	占本级面积（%）
滦县	191553.11	24.08
玉田县	172000.05	21.61
滦南县	138859.37	17.45
丰润区	103078.97	12.95
遵化市	97097.73	12.20
迁安市	27703.55	3.48
乐亭县	22619.19	2.84
路北区	12764.58	1.60
古冶区	12516.63	1.57
开平区	7728.81	0.97
丰南区	3167.06	0.4
路南区	2946.92	0.37
汉沽农场	2862.54	0.36
迁西县	972.21	0.12
唐海（曹妃甸）县	0.94	0

（二）耕地耕层有效磷含量 2 级地行政区域分布特点

2 级地面积为 5391078.1 亩，占总耕地面积的 65.4%。2 级地主要分布在丰润区，面积为 859561.90 亩，占本级耕地面积的 15.95%；滦南县面积为 736891.90 亩，占本级耕地面积的 13.67%；玉田县面积为 613562.80 亩，占本级耕地面积的 11.38%。详细分析结果见表 4 – 31。

表 4 - 31　耕地耕层有效磷含量 2 级行政区域分布

县（市、区、场）	面积/亩	占本级面积（%）
丰润区	859561.90	15.95
滦南县	736891.90	13.67
玉田县	613562.80	11.38
遵化市	570378.90	10.58
丰南区	526355.20	9.76
乐亭县	507725.90	9.42
滦县	499860.50	9.27
迁安市	479227.50	8.89
迁西县	273810.40	5.08
开平区	123598.30	2.29
古冶区	86972.89	1.61
汉沽农场	52728.61	0.98
唐海（曹妃甸）县	29541.28	0.55
路南区	13556.90	0.25
路北区	9923.91	0.18
芦台农场	7381.19	0.14

（三）耕地耕层有效磷含量 3 级地行政区域分布特点

3 级地面积为 1948548.1 亩，占总耕地面积的 23.6%。3 级地主要分布在乐亭县，面积为 398682.1 亩，占本级耕地面积的 20.45%；玉田县面积为 280698.5 亩，占本级耕地面积的 14.41%；唐海（曹妃甸）县面积为 265287.7 亩，占本级耕地面积的 13.61%。详细分析结果见表 4 - 32。

表 4 - 32　耕地耕层有效磷含量 3 级行政区域分布

县（市、区、场）	面积/亩	占本级面积（%）
乐亭县	398682.10	20.45
玉田县	280698.50	14.41
唐海（曹妃甸）县	265287.70	13.61
丰南区	192756.30	9.89
滦南县	175704.30	9.02
迁安市	139504.10	7.16
滦县	114069.20	5.85

县（市、区、场）	面积/亩	占本级面积（%）
丰润区	105549.00	5.42
芦台农场	94131.52	4.83
遵化市	63309.37	3.25
古冶区	45520.63	2.34
汉沽农场	42991.57	2.21
开平区	25553.70	1.31
迁西县	3017.39	0.15
路北区	1281.51	0.07
路南区	491.18	0.03

（四）耕地耕层有效磷含量4级地行政区域分布特点

4级地面积为103389.59亩，占总耕地面积的1.3%。4级地主要分布在唐海（曹妃甸）县面积为43490.08亩，占本级耕地面积的42.06%；芦台农场面积为18862.29亩，占本级耕地面积的18.24%；玉田县面积为13401.05亩，占本级耕地面积的12.96%。详细分析结果见表4-33。

表4-33　耕地耕层有效磷含量4级行政区域分布

县（市、区、场）	面积/亩	占本级面积（%）
唐海（曹妃甸）县	43490.08	42.06
芦台农场	18862.29	18.24
玉田县	13401.05	12.96
滦南县	8664.43	8.38
古冶区	6399.85	6.19
丰南区	3721.44	3.6
乐亭县	2972.81	2.88
迁安市	2621.85	2.54
汉沽农场	1017.28	0.98
丰润区	1012.13	0.98
开平区	709.19	0.69
滦县	517.19	0.5

（五）耕地耕层有效磷含量5级地行政区域分布特点

5级地面积为327.6亩，不到总耕地面积的0.19%。5级地全部分布在玉田县。

第五节 速效钾

一、耕层土壤速效钾含量及分布特点

本次耕地地力调查共化验分析耕层土壤样本 56361 个，我们应用克里金空间插值技术并对其进行空间分析得知，全市耕层土壤速效钾含量平均为 141.22mg/kg，变化幅度为 26.53~530.60mg/kg。

（一）耕层土壤速效钾含量的行政区域分布特点

利用行政区划图对土壤速效钾含量栅格数据进行区域统计发现，土壤速效钾含量平均值达到 140.00mg/kg 的县（市、区、场）有汉沽农场、芦台农场、丰南区、唐海（曹妃甸）县、乐亭县、玉田县、滦南县，面积为 4356405.0 亩，占全市总耕地面积的 52.9%，其中汉沽农场、芦台农场平均含量超过了 300.00mg/kg，面积合计为 219975.0 亩，占全市总耕地面积的 2.7%。平均值小于 140.00mg/kg 的县（市、区）有路北区、路南区、滦县、迁西县、开平区、遵化市、丰润区、古冶区、迁安市，面积为 3882808.0 亩，占全市总耕地面积的 47.1%，其中古冶区、迁安市平均含量低于 90.00mg/kg，面积合计为 800467.0 亩，占全市总耕地面积的 9.7%。具体的分析结果见表4-34。

表4-34 不同行政区域耕层土壤速效钾含量的分布特点

县（市、区、场）	面积/亩	占总耕地（%）	最小值/（mg/kg）	最大值/（mg/kg）	平均值/（mg/kg）
汉沽农场	99600.0	1.2	270.79	478.35	368.56
芦台农场	120375.0	1.5	219.74	389.67	306.39
丰南区	726000.0	8.8	34.80	530.60	258.15
唐海（曹妃甸）县	338320.0	4.1	74.99	325.10	235.48
乐亭县	932000.0	11.3	78.03	307.09	163.94
玉田县	1079990.0	13.0	55.54	390.17	151.02
滦南县	1060120.0	12.9	41.81	378.31	142.18
路北区	23970.0	0.3	62.09	262.21	133.97
路南区	16995.0	0.2	91.40	173.06	124.19
滦县	806000.0	9.8	29.29	268.54	118.61
迁西县	277800.0	3.4	53.77	206.33	98.75
开平区	157590.0	1.9	41.70	188.06	98.65
遵化市	730786.0	8.9	41.45	306.95	98.01
丰润区	1069202.0	13.0	36.31	342.61	94.80
古冶区	151410.0	1.8	36.75	206.22	87.77
迁安市	649057.0	7.9	26.53	197.74	79.37

（二）耕层土壤速效钾含量与土壤质地的关系

利用土壤质地图对土壤速效钾含量栅格数据进行区域统计发现，土壤速效钾含量最高的质地是黏质，平均含量达到了247.90mg/kg，变化幅度为56.75～502.45mg/kg，而最低的质地为沙质，平均含量为91.10mg/kg，变化幅度为26.53～259.20mg/kg。各质地速效钾含量平均值由大到小的排列顺序为：黏质、中壤质、轻壤质、沙壤质、沙质。具体的分析结果见表4-35。

表4-35　不同土壤质地与耕层土壤速效钾含量的分布特点　　单位：mg/kg

土壤质地	最小值	最大值	平均值
黏质	56.75	502.45	247.90
中壤质	36.12	530.60	151.14
轻壤质	36.07	479.50	135.74
沙壤质	31.18	262.03	94.73
沙质	26.53	259.20	91.10

（三）耕层土壤速效钾含量与土壤分类的关系

1. 耕层土壤速效钾含量与土类的关系

土壤速效钾含量最高的土类是滨海盐土，平均含量达到了282.98mg/kg，变化幅度为83.91～502.45mg/kg，而最低的土类为红黏土，平均含量为81.03mg/kg，变化幅度为56.75～154.63mg/kg。各土类速效钾含量平均值由大到小的排列顺序见表4-36。

表4-36　不同土类耕层土壤速效钾含量的分布特点　　单位：mg/kg

土壤类型	最小值	最大值	平均值
滨海盐土	83.91	502.45	282.98
沼泽土	63.80	490.27	254.60
砂姜黑土	68.09	530.60	236.22
水稻土	42.82	325.07	212.97
潮土	36.75	481.42	150.90
新积土	102.32	163.37	132.81
粗骨土	44.70	294.75	121.84
风沙土	30.89	256.62	115.87
石质土	40.93	389.79	107.39
褐土	26.53	390.17	95.60
棕壤	51.09	164.43	82.59
红黏土	56.75	154.63	81.03

2. 耕层土壤速效钾含量与亚类的关系

土壤速效钾含量最高的亚类是沼泽土—沼泽土，平均含量达到了 284.99mg/kg，变化幅度为 83.30 ~ 490.27mg/kg，而最低的亚类为棕壤—棕壤性土，平均含量为 79.49mg/kg，变化幅度为 51.09 ~ 150.48mg/kg。各亚类速效钾含量平均值由大到小的排列顺序见表 4 - 37。

表 4 - 37　不同亚类耕层土壤速效钾含量的分布特点　　单位：mg/kg

土类	亚类	最小值	最大值	平均值
沼泽土	沼泽土	83.30	490.27	284.99
滨海盐土	滨海盐土	83.91	502.45	282.97
沼泽土	草甸沼泽土	63.80	471.00	250.54
砂姜黑土	砂姜黑土	70.22	530.60	237.33
沼泽土	盐化沼泽土	66.77	402.70	235.48
砂姜黑土	盐化砂姜黑土	68.09	500.26	233.27
水稻土	潴育型水稻土	58.97	325.07	216.49
潮土	盐化潮土	58.97	481.42	214.93
潮土	湿潮土	100.15	228.48	155.03
新积土	新积土	102.32	163.37	132.81
潮土	潮土	36.75	359.74	129.31
粗骨土	钙质粗骨土	44.70	294.75	123.12
石质土	钙质石质土	76.50	205.03	121.15
潮土	脱潮土	57.48	440.34	117.84
褐土	石灰性褐土	72.96	224.83	117.40
风沙土	流动风沙土	30.89	256.62	115.85
石质土	硅质石质土	40.93	389.79	107.28
褐土	淋溶褐土	36.12	390.17	103.55
水稻土	淹育型水稻土	42.82	158.80	98.72
粗骨土	酸性硅铝质粗骨土	77.17	182.88	98.36
石质土	硅铝质石质土	68.34	135.59	97.64
褐土	褐土	60.59	128.58	97.06
褐土	褐土性土	37.96	189.23	95.05
褐土	潮褐土	26.53	324.49	89.90
棕壤	棕壤	51.12	164.43	85.41
红黏土	红黏土	56.75	154.63	81.03
棕壤	棕壤性土	51.09	150.48	79.49

3. 耕层土壤速效钾含量与土属的关系

土壤速效钾含量最高的土属是砂姜黑土—砂姜黑土—脱沼泽中壤质，平均含量达到了 385.75mg/kg，变化幅度为 129.16~530.60mg/kg，而最低的土属为棕壤—棕壤—壤质洪冲积物，平均含量为 68.89mg/kg，变化幅度为 51.16~105.72mg/kg。各土属速效钾含量平均值由大到小的排列顺序见表 4-38。

表 4-38　不同土属耕层土壤速效钾含量的分布特点　　　单位：mg/kg

土类	亚类	土属	最小值	最大值	平均值
砂姜黑土	砂姜黑土	脱沼泽中壤质	129.16	530.60	385.75
滨海盐土	滨海盐土	生草黏质海相	147.38	502.45	341.28
潮土	盐化潮土	硫酸盐—氯化物湿黏质	95.22	481.06	328.03
潮土	盐化潮土	氯化物—硫酸盐轻壤质	214.56	469.45	312.59
潮土	盐化潮土	硫酸盐—氯化物湿中壤	99.32	481.42	287.17
沼泽土	沼泽土	黏质湖相	83.30	490.27	284.99
滨海盐土	滨海盐土	黏质海相	103.60	477.49	280.86
沼泽土	草甸沼泽土	黏质湖相	105.21	471.00	272.76
水稻土	潴育型水稻土	氯化物轻壤质	145.21	314.45	254.08
潮土	盐化潮土	氯化物黏质	77.97	476.56	241.98
水稻土	潴育型水稻土	氯化物黏质	70.08	325.07	238.77
沼泽土	盐化沼泽土	氯化物	66.77	402.70	235.47
砂姜黑土	盐化砂姜黑土	硫酸盐—氯化物湿黏质	68.09	500.26	233.26
潮土	盐化潮土	氯化物湿黏质	104.80	309.27	225.60
水稻土	潴育型水稻土	氯化物黏质湖相	144.83	304.30	198.00
滨海盐土	滨海盐土	生草中壤质海相	99.79	309.43	194.58
滨海盐土	滨海盐土	沙质海相	154.53	222.40	179.68
潮土	盐化潮土	硫酸盐—氯化物中壤质	164.11	186.52	178.02
滨海盐土	滨海盐土	生草沙壤质海相	145.98	208.74	177.07
潮土	脱潮土	沙质冲积物	96.06	294.99	175.08
沼泽土	草甸沼泽土	壤质冲积物	63.80	269.29	174.52
潮土	潮土	黏质冲积物	89.86	340.69	174.29
潮土	盐化潮土	氯化物—硫酸盐黏质	83.94	372.42	169.51
潮土	盐化潮土	氯化物沙壤质	102.39	245.30	159.90
潮土	盐化潮土	氯化物中壤质	62.14	270.63	159.53
潮土	盐化潮土	氯化物轻壤质	78.95	234.23	158.91

续表

土类	亚类	土属	最小值	最大值	平均值
砂姜黑土	砂姜黑土	脱沼泽黏质	70.22	275.65	158.83
滨海盐土	滨海盐土	生草轻壤质海相	83.91	243.40	155.32
潮土	湿潮土	黏质湖相	100.15	228.48	155.03
潮土	盐化潮土	氯化物湿中壤	63.48	315.76	148.45
潮土	潮土	轻壤质冲积物	49.57	309.24	147.42
潮土	潮土	中壤质冲积物	55.88	359.74	145.70
棕壤	棕壤	硅质残坡积物	108.15	164.43	142.52
潮土	盐化潮土	氯化物—硫酸盐中壤质	58.97	260.65	141.32
褐土	潮褐土	人工堆垫壤质	104.05	192.82	137.62
褐土	石灰性褐土	壤质洪冲积物	76.09	224.83	133.07
新积土	新积土	沙质冲积物	102.32	163.37	132.81
褐土	淋溶褐土	钙质残坡积物	41.99	299.75	125.61
粗骨土	钙质粗骨土	钙质残坡积物	44.70	294.75	123.12
褐土	淋溶褐土	中性硅铝质残坡积物	112.87	132.98	121.42
石质土	钙质石质土	钙质残坡积物	76.50	205.03	121.15
褐土	褐土性土	中性硅铝质残坡积物	73.50	183.08	119.47
水稻土	潴育型水稻土	氯化物中壤质	58.97	252.67	118.56
潮土	盐化潮土	氯化物沙质	59.11	259.20	117.11
褐土	淋溶褐土	硅质残坡积物	45.21	390.17	116.44
褐土	淋溶褐土	中壤质洪积物	36.12	376.43	115.99
风沙土	流动风沙土	沙质风积物	30.89	256.62	115.84
褐土	潮褐土	中壤质洪冲积物	42.01	324.49	111.33
潮土	脱潮土	壤质冲积物	57.48	440.34	110.21
石质土	硅质石质土	硅质残坡积物	40.93	389.79	107.28
潮土	潮土	沙壤质冲积物	36.75	262.03	106.73
水稻土	淹育型水稻土	壤质冲积物	49.64	158.80	105.81
粗骨土	酸性硅铝质粗骨土	酸性硅铝质残坡积物	77.17	182.88	98.36
褐土	石灰性褐土	钙质残坡积物	72.96	136.46	98.10
石质土	硅铝质石质土	中性硅铝质残坡积物	68.34	135.59	97.64
褐土	淋溶褐土	黄土壮物质	70.30	115.41	97.10

续表

土类	亚类	土属	最小值	最大值	平均值
褐土	褐土	壤质洪冲积物	60.59	128.58	97.06
褐土	褐土性土	酸性硅铝质残坡积物	57.24	138.68	96.57
潮土	潮土	沙质冲积物	38.90	245.11	96.56
褐土	褐土性土	硅质残坡积物	37.96	189.23	94.52
褐土	褐土性土	钙质残坡积物	66.84	152.03	88.85
褐土	淋溶褐土	酸性硅铝质残坡积物	36.65	187.33	87.77
水稻土	淹育型水稻土	壤质洪冲积物	42.82	115.37	87.13
褐土	潮褐土	轻壤质洪冲积物	36.07	306.95	86.59
褐土	淋溶褐土	轻壤质洪冲积物	38.07	206.12	85.30
褐土	潮褐土	沙壤质洪冲积物	31.18	213.14	85.01
褐土	淋溶褐土	沙壤质洪冲积物	38.98	183.98	83.71
红黏土	红黏土	红土物质	56.75	154.63	81.07
褐土	潮褐土	矿质洪冲积物	26.53	183.73	80.07
棕壤	棕壤性土	酸性硅铝质残坡积物	51.09	150.48	79.49
褐土	淋溶褐土	沙质洪冲积物	36.96	153.89	79.06
棕壤	棕壤	酸性硅铝质残坡积物	51.12	135.25	78.99
棕壤	棕壤	壤质洪冲积物	51.16	105.72	68.89

二、耕层土壤速效钾含量分级及特点

全市耕地土壤速效钾含量处于 1 至 6 级之间，其中最多的为 4 级，面积 3014557.7 亩，占总耕地面积的 36.6%；最少的为 6 级，面积 413.31 亩，不到总耕地面积的 0.1%。1 级主要分布在丰南区、唐海（曹妃甸）县、乐亭县、芦台农场。2 级主要分布在乐亭县、玉田县、滦县。3 级主要分布在玉田县、滦南县、丰润区、乐亭县、滦县。4 级主要分布在丰润区、迁安市、遵化市、滦南县。5 级主要分布在丰润区、迁安市、滦县。6 级主要分布在迁安市（见表 4 - 39）。

表 4 - 39　耕地耕层速效钾含量分级及面积

级别	1	2	3	4	5	6
范围/（mg/kg）	> 200	200 ~ 150	150 ~ 100	100 ~ 50	50 ~ 30	≤30
耕地面积/亩	1187700.4	1405290.1	2525571.9	3014557.7	105681.62	413.31
占总耕地（%）	14.4	17.1	30.6	36.6	1.3	< 0.1

（一）耕地耕层速效钾含量 1 级地行政区域分布特点

1 级地面积为 1187700.4 亩，占总耕地面积的 14.4%。1 级地主要分布在丰南区，面积为 418360.78 亩，占本级耕地面积的 35.22%；唐海（曹妃甸）县面积为 279486.57 亩，占本级耕地面积的 25.53%；乐亭县面积为 128172.94 亩，占本级耕地面积的 10.79%。详细分析结果见表 4 - 40。

表 4 - 40　耕地耕层速效钾含量 1 级地行政区域分布

县（市、区、场）	面积/亩	占本级面积（%）
丰南区	418360.78	35.22
唐海（曹妃甸）县	279486.57	23.53
乐亭县	128172.94	10.79
芦台农场	120375.00	10.14
汉沽农场	99600.00	8.39
玉田县	61404.00	5.17
滦南县	33490.98	2.82
滦县	25906.98	2.18
遵化市	11386.81	0.96
丰润区	8170.24	0.69
路北区	1246.08	0.10
古冶区	62.90	0.01
迁西县	31.27	0
迁安市	5.85	0

（二）耕地耕层速效钾含量 2 级地行政区域分布特点

2 级地面积为 1405290.1 亩，占总耕地面积的 17.1%。2 级地主要分布在乐亭县，面积为 475650.7 亩，占本级耕地面积的 33.84%；玉田县面积为 457496.53 亩，占本级耕地面积的 32.56%；滦县面积为 165675.31 亩，占本级耕地面积的 11.79%。详细分析结果见表 4 - 41。

表 4 - 41　耕地耕层速效钾含量 2 级地行政区域分布

县（市、区）	面积/亩	占本级面积（%）
乐亭县	475650.70	33.84
玉田县	457496.53	32.56
滦县	165675.31	11.79
滦南县	78386.16	5.58

县（市、区）	面积/亩	占本级面积（%）
丰润区	58827.11	4.19
遵化市	58120.77	4.14
丰南区	45080.88	3.21
唐海（曹妃甸）县	44742.58	3.18
路北区	7208.24	0.51
迁安市	5353.02	0.38
古冶区	4424.93	0.31
迁西县	1810.93	0.13
开平区	1751.29	0.13
路南区	761.68	0.05

（三）耕地耕层速效钾含量3级地行政区域分布特点

3级地面积为2525571.9亩，占总耕地面积的30.6%。3级地主要分布在玉田县，面积为521814.3亩，占本级耕地面积的20.67%；滦南县面积为354406.8亩，占本级耕地面积的14.03%；丰润区面积为330094.3亩，占本级耕地面积的13.07%；详细分析结果见表4-42。

表4-42 耕地耕层速效钾含量3级地行政区域分布

县（市、区）	面积/亩	占本级面积（%）
玉田县	521814.30	20.67
滦南县	354406.80	14.03
丰润区	330094.30	13.07
乐亭县	321576.50	12.73
滦县	304872.80	12.07
遵化市	200106.40	7.92
丰南区	155049.40	6.14
迁安市	97954.83	3.88
迁西县	94903.54	3.76
开平区	66461.23	2.63
古冶区	38660.37	1.53
路南区	15565.08	0.62
唐海（曹妃甸）县	12686.31	0.50
路北区	11420.03	0.45

（四）耕地耕层速效钾含量4级地行政区域分布特点

4级地面积为3014557.7亩，占总耕地面积的36.6%。4级地主要分布在丰润区，面积为630197.60亩，占本级耕地面积的20.91%；滦南县面积为589518.00亩，占本级耕地面积的19.54%；迁安市面积为504503.60亩，占本级耕地面积的16.74%。详细分析结果见表4-43。

表4-43 耕地耕层速效钾含量4级地行政区域分布

县（市、区）	面积/亩	占本级面积（%）
丰润区	630197.60	20.91
滦南县	589518.00	19.54
迁安市	504503.60	16.74
遵化市	457192.10	15.17
滦县	301635.90	10.01
迁西县	181051.90	6.01
古冶区	105307.00	3.49
丰南区	103849.50	3.44
开平区	89274.58	2.96
玉田县	39259.18	1.30
乐亭县	6599.86	0.22
路北区	4095.65	0.14
唐海（曹妃甸）县	1404.54	0.05
路南区	668.24	0.02

（五）耕地耕层速效钾含量5级地行政区域分布特点

5级地面积为105681.62亩，占总耕地面积的1.3%。5级地主要分布在丰润区，面积为41912.75亩，占本级耕地面积的39.65%；迁安市面积为40862.15亩，占本级耕地面积的38.67%；滦县面积为7909.0亩，占本级耕地面积的7.48%。详细分析结果见表4-44。

表4-44 耕地耕层速效钾含量5级地行政区域分布

县（市、区）	面积/亩	占本级面积（%）
丰润区	41912.75	39.65
迁安市	40862.15	38.67
滦县	7909.01	7.48
滦南县	4300.65	4.07

县（市、区）	面积/亩	占本级面积（%）
遵化市	3979.92	3.77
丰南区	3659.44	3.46
古冶区	2954.80	2.80
开平区	102.90	0.10

（六）耕地耕层速效钾含量6级地行政区域分布特点

6级地面积为413.31亩，其中迁安市面积为377.55亩，占本级耕地面积的91.35%；滦南县面积为17.41亩，占本级耕地面积的4.21%；玉田县面积为15.99亩，占本级耕地面积的3.87%。详细分析结果见表4-45。

表4-45 耕地耕层速效钾含量6级地行政区域分布

县（市）	面积/亩	占本级面积（%）
迁安市	377.55	91.35
滦南县	17.41	4.21
玉田县	15.99	3.87
迁西县	2.36	0.57

第六节 有效铜

一、耕层土壤有效铜含量及分布特点

本次耕地地力调查共化验分析耕层土壤样本56361个，我们应用克里金空间插值技术并对其进行空间分析得知，全市耕层土壤有效铜含量平均为1.63mg/kg，变化幅度为0.21~9.90mg/kg。

（一）耕层土壤有效铜含量的行政区域分布特点

利用行政区划图对土壤有效铜含量栅格数据进行区域统计发现，土壤有效铜含量平均值达到2.00mg/kg的县（市、区、场）有芦台农场、汉沽农场、遵化市、唐海（曹妃甸）县、滦南县，面积为2349201.0亩，占全市总耕地面积的28.5%，其中芦台农场平均含量超过了2.50mg/kg，面积合计为120375.0亩，占全市总耕地面积的1.5%。平均值小于2.00mg/kg的县（市、区）有路北区、丰南区、玉田县、丰润区、迁西县、古冶区、路南区、迁安市、乐亭县、开平区、滦县，面积为5890012.0亩，占全市总耕地面积的71.5%，其中乐亭县、开平区、滦县平均含量低于1.30mg/kg，面积合计为1895590.0亩，占全市总耕地面积的23.0%。具体的分析结果见表4-46。

表 4 - 46　不同行政区域耕层土壤有效铜含量的分布特点

县（市、区、场）	面积/亩	占总耕地（%）	最小值/（mg/kg）	最大值/（mg/kg）	平均值/（mg/kg）
芦台农场	120375.0	1.5	1.74	4.55	2.78
汉沽农场	99600.0	1.2	1.17	3.85	2.30
遵化市	730786.0	8.9	0.70	4.73	2.18
唐海（曹妃甸）县	338320.0	4.1	0.63	4.45	2.09
滦南县	1060120.0	12.9	0.34	5.42	2.02
路北区	23970.0	0.3	0.81	9.90	1.88
丰南区	726000.0	8.8	0.36	6.72	1.67
玉田县	1079990.0	13.0	0.47	5.38	1.63
丰润区	1069202.0	13.0	0.66	5.91	1.63
迁西县	277800.0	3.4	0.36	7.30	1.53
古冶区	151410.0	1.8	0.31	6.95	1.37
路南区	16995.0	0.2	0.65	2.92	1.34
迁安市	649057.0	7.9	0.35	6.45	1.32
乐亭县	932000.0	11.3	0.53	5.10	1.09
开平区	157590.0	1.9	0.58	3.82	1.09
滦县	806000.0	9.8	0.21	6.72	1.00

（二）耕层土壤有效铜含量与土壤质地的关系

利用土壤质地图对土壤有效铜含量栅格数据进行区域统计发现，土壤有效铜含量最高的质地是黏质，平均含量达到了 2.08mg/kg，变化幅度为 0.47～6.72mg/kg，而最低的质地为沙质，平均含量为 1.04mg/kg，变化幅度为 0.21～6.66mg/kg。各质地有效铜含量平均值由大到小的排列顺序为：黏质、中壤质、轻壤质、沙壤质、沙质。具体的分析结果见表 4 - 47。

表 4 - 47　不同土壤质地与耕层土壤有效铜含量的分布特点　　单位：mg/kg

土壤质地	最小值	最大值	平均值
黏质	0.47	6.72	2.08
中壤质	0.42	7.12	1.73
轻壤质	0.36	9.90	1.64
沙壤质	0.26	9.87	1.46
沙质	0.21	6.66	1.04

（三）耕层土壤有效铜含量与土壤分类的关系

1. 耕层土壤有效铜含量与土类的关系

土壤有效铜含量最高的土类是水稻土，平均含量达到了 2.34mg/kg，变化幅度为 0.53～4.81mg/kg，而最低的土类为风沙土，平均含量为 1.02mg/kg，变化幅度为 0.43～3.21mg/kg。各土类有效铜含量平均值由大到小的排列顺序见表 4－48。

表 4－48　不同土类耕层土壤有效铜含量的分布特点　　　　单位：mg/kg

土壤类型	最小值	最大值	平均值
水稻土	0.53	4.81	2.34
沼泽土	0.75	4.77	2.15
滨海盐土	0.62	6.72	2.12
棕壤	0.62	3.93	1.75
砂姜黑土	0.47	4.03	1.74
石质土	0.41	6.42	1.60
潮土	0.26	6.66	1.56
粗骨土	0.39	7.30	1.54
褐土	0.21	9.90	1.53
新积土	0.91	2.05	1.42
红黏土	0.74	1.86	1.31
风沙土	0.43	3.21	1.02

2. 耕层土壤有效铜含量与亚类的关系

土壤有效铜含量最高的亚类是水稻土—潴育型水稻土，平均含量达到了 2.39mg/kg，变化幅度为 1.24～4.81mg/kg，而最低的亚类为水稻土—淹育型水稻土，平均含量为 0.98mg/kg，变化幅度为 0.53～1.68mg/kg。各亚类有效铜含量平均值由大到小的排列顺序见表 4－49。

表 4－49　不同亚类耕层土壤有效铜含量的分布特点　　　　单位：mg/kg

土类	亚类	最小值	最大值	平均值
水稻土	潴育型水稻土	1.24	4.81	2.39
褐土	褐土	1.40	3.24	2.35
沼泽土	盐化沼泽土	1.32	4.77	2.27
滨海盐土	滨海盐土	0.62	6.72	2.12
沼泽土	沼泽土	1.01	3.50	2.07
沼泽土	草甸沼泽土	0.75	3.75	2.03

续表

土类	亚类	最小值	最大值	平均值
棕壤	棕壤性土	0.93	3.93	1.93
潮土	盐化潮土	0.47	5.40	1.82
砂姜黑土	盐化砂姜黑土	0.82	3.92	1.75
砂姜黑土	砂姜黑土	0.47	4.03	1.74
粗骨土	酸性硅铝质粗骨土	0.49	3.85	1.73
褐土	淋溶褐土	0.37	7.12	1.70
褐土	褐土性土	0.36	4.53	1.62
石质土	硅铝质石质土	0.85	6.42	1.61
石质土	硅质石质土	0.41	6.16	1.61
潮土	湿潮土	0.73	2.59	1.59
棕壤	棕壤	0.62	2.97	1.58
粗骨土	钙质粗骨土	0.39	7.30	1.53
潮土	潮土	0.26	6.66	1.47
石质土	钙质石质土	0.61	3.18	1.47
新积土	新积土	0.91	2.05	1.42
褐土	潮褐土	0.21	9.90	1.38
潮土	脱潮土	0.61	3.22	1.33
红黏土	红黏土	0.74	1.86	1.31
褐土	石灰性褐土	0.63	2.62	1.29
风沙土	流动风沙土	0.43	3.21	1.02
水稻土	淹育型水稻土	0.53	1.68	0.98

3. 耕层土壤有效铜含量与土属的关系

土壤有效铜含量最高的土属是水稻土—潴育型水稻土—氯化物中壤质，平均含量达到了 3.27mg/kg，变化幅度为 1.64～4.81mg/kg，而最低的土属为褐土—潮褐土—矿质洪冲积物，平均含量为 0.84mg/kg，变化幅度为 0.21～4.62mg/kg。各土属有效铜含量平均值由大到小的排列顺序见表 4-50。

表 4-50　不同土属耕层土壤有效铜含量的分布特点　　单位：mg/kg

土类	亚类	土属	最小值	最大值	平均值
水稻土	潴育型水稻土	氯化物中壤质	1.64	4.81	3.27
潮土	盐化潮土	氯化物—硫酸盐轻壤质	1.20	4.55	2.70

土类	亚类	土属	最小值	最大值	平均值
滨海盐土	滨海盐土	生草黏质海相	0.71	6.72	2.52
褐土	褐土	壤质洪冲积物	1.40	3.24	2.35
水稻土	潴育型水稻土	氯化物黏质湖相	1.53	3.95	2.33
潮土	盐化潮土	硫酸盐—氯化物湿黏质	1.07	3.85	2.33
沼泽土	盐化沼泽土	氯化物	1.32	4.77	2.27
滨海盐土	滨海盐土	黏质海相	0.77	5.03	2.27
水稻土	潴育型水稻土	氯化物黏质	1.24	4.28	2.21
潮土	盐化潮土	氯化物湿黏质	1.32	4.12	2.14
潮土	盐化潮土	氯化物黏质	0.67	5.40	2.13
沼泽土	草甸沼泽土	黏质湖相	0.78	3.57	2.09
沼泽土	沼泽土	黏质湖相	1.01	3.50	2.07
潮土	盐化潮土	硫酸盐—氯化物湿中壤	0.71	3.47	2.05
水稻土	潴育型水稻土	氯化物轻壤质	1.46	2.67	2.00
潮土	潮土	黏质冲积物	1.03	3.55	2.00
棕壤	棕壤性土	酸性硅铝质残坡积物	0.93	3.93	1.93
褐土	褐土性土	中性硅铝质残坡积物	0.70	3.66	1.91
褐土	淋溶褐土	酸性硅铝质残坡积物	0.37	4.82	1.86
沼泽土	草甸沼泽土	壤质冲积物	0.75	3.75	1.81
棕壤	棕壤	硅质残坡积物	0.91	2.97	1.81
潮土	脱潮土	沙质冲积物	1.43	2.62	1.81
棕壤	棕壤	壤质洪冲积物	1.52	2.58	1.80
砂姜黑土	砂姜黑土	脱沼泽黏质	0.47	3.74	1.79
褐土	淋溶褐土	中壤质洪冲积物	0.42	4.73	1.78
潮土	潮土	中壤质冲积物	0.56	5.20	1.75
砂姜黑土	盐化砂姜黑土	硫酸盐—氯化物湿黏质	0.82	3.92	1.75
粗骨土	酸性硅铝质粗骨土	酸性硅铝质残坡积物	0.49	3.85	1.73
褐土	淋溶褐土	沙壤质洪冲积物	0.38	4.28	1.72
褐土	潮褐土	中壤质洪冲积物	0.50	5.38	1.72
潮土	盐化潮土	硫酸盐—氯化物中壤质	1.53	1.86	1.69
砂姜黑土	砂姜黑土	脱沼泽中壤质	0.68	4.03	1.66

土类	亚类	土属	最小值	最大值	平均值
褐土	淋溶褐土	轻壤质洪冲积物	0.38	6.86	1.64
褐土	褐土性土	钙质残坡积物	0.94	2.87	1.64
褐土	淋溶褐土	硅质残坡积物	0.47	6.18	1.62
褐土	褐土性土	硅质残坡积物	0.36	4.53	1.62
石质土	硅铝质石质土	中性硅铝质残坡积物	0.85	6.42	1.61
石质土	硅质石质土	硅质残坡积物	0.41	6.16	1.61
褐土	潮褐土	轻壤质洪冲积物	0.40	9.90	1.61
潮土	湿潮土	黏质湖相	0.73	2.59	1.59
褐土	淋溶褐土	钙质残坡积物	0.42	7.12	1.58
褐土	淋溶褐土	黄土壮物质	1.16	2.00	1.57
褐土	潮褐土	人工堆垫壤质	1.31	1.83	1.56
潮土	盐化潮土	氯化物沙质	0.47	3.93	1.55
棕壤	棕壤	酸性硅铝质残坡积物	0.62	2.74	1.53
粗骨土	钙质粗骨土	钙质残坡积物	0.39	7.30	1.53
褐土	褐土性土	酸性硅铝质残坡积物	0.75	2.84	1.47
潮土	盐化潮土	氯化物—硫酸盐中壤质	0.47	3.77	1.47
石质土	钙质石质土	钙质残坡积物	0.61	3.18	1.47
潮土	盐化潮土	氯化物湿中壤	1.01	2.24	1.46
新积土	新积土	沙质冲积物	0.91	2.05	1.42
潮土	盐化潮土	氯化物—硫酸盐黏质	0.65	3.10	1.42
褐土	石灰性褐土	壤质洪冲积物	0.92	2.62	1.42
潮土	潮土	沙壤质冲积物	0.33	4.39	1.37
滨海盐土	滨海盐土	生草中壤质海相	0.62	4.08	1.37
潮土	潮土	轻壤质冲积物	0.52	5.42	1.34
红黏土	红黏土	红土物质	0.74	1.86	1.31
滨海盐土	滨海盐土	沙质海相	1.09	1.44	1.27
滨海盐土	滨海盐土	生草沙壤质海相	0.79	2.10	1.27
潮土	脱潮土	壤质冲积物	0.61	3.22	1.26
潮土	盐化潮土	氯化物中壤质	0.60	5.32	1.26
潮土	潮土	沙质冲积物	0.26	6.66	1.23
褐土	潮褐土	沙壤质洪冲积物	0.26	9.87	1.22

续表

土类	亚类	土属	最小值	最大值	平均值
褐土	淋溶褐土	中性硅铝质残坡积物	1.00	1.47	1.14
褐土	石灰性褐土	钙质残坡积物	0.63	2.23	1.12
褐土	淋溶褐土	沙质洪冲积物	0.45	2.17	1.09
滨海盐土	滨海盐土	生草轻壤质海相	0.69	1.99	1.03
潮土	盐化潮土	氯化物沙壤质	0.72	1.30	1.02
风沙土	流动风沙土	沙质风积物	0.43	3.21	1.02
水稻土	淹育型水稻土	壤质冲积物	0.66	1.68	1.01
潮土	盐化潮土	氯化物轻壤质	0.61	2.90	0.96
水稻土	淹育型水稻土	壤质洪冲积物	0.53	1.57	0.94
褐土	潮褐土	矿质洪冲积物	0.21	4.62	0.84

二、耕层土壤有效铜含量分级及特点

全市耕地土壤有效铜含量处于 1 至 3 级之间，其中最多的为 2 级，面积 3824978.7 亩，占总耕地面积的 46.4%；最少的为 3 级，面积 1748230.9 亩，占总耕地面积的 21.2%。没有 4 级、5 级。1 级主要分布在遵化市、滦南县、玉田县、丰润区、唐海（曹妃甸）县。2 级主要分布在丰润区、玉田县、迁安市、滦南县。3 级主要分布在乐亭县、滦县（见表 4 - 51）。

表 4 - 51 耕地耕层有效铜含量分级及面积

级别	1	2	3	4	5
范围/（mg/kg）	>1.8	1.8~1.0	1.0~0.2	0.5~0.2	≤0.2
耕地面积/亩	2666005.36	3824978.7	1748230.9	0.0	0.0
占总耕地（%）	32.4	46.4	21.2	0.0	0.0

（一）耕地耕层有效铜含量 1 级地行政区域分布特点

1 级地面积为 2666005.36 亩，占总耕地面积的 32.4%。1 级地主要分布在遵化市，面积为 536982.80 亩，占本级耕地面积的 20.15%；滦南县面积为 432046.50 亩，占本级耕地面积的 16.21%；玉田县面积为 333361.70 亩，占本级耕地面积的 12.50%。详细分析结果见表 4 - 52。

表 4－52　耕地耕层有效铜含量 1 级地行政区域分布

县（市、区、场）	面积/亩	占本级面积（%）
遵化市	536982.80	20.15
滦南县	432046.50	16.21
玉田县	333361.70	12.50
丰润区	317552.18	11.91
唐海（曹妃甸）县	294168.93	11.03
丰南区	287863.40	10.80
芦台农场	119867.97	4.50
汉沽农场	91309.37	3.42
迁西县	72375.32	2.71
乐亭县	71000.40	2.66
迁安市	43908.10	1.65
滦县	28587.20	1.07
古冶区	18872.75	0.71
路北区	8774.15	0.33
开平区	5324.95	0.20
路南区	4009.64	0.15

（二）耕地耕层有效铜含量 2 级地行政区域分布特点

2 级地面积为 3824978.7 亩，占总耕地面积的 46.4%。2 级地主要分布在丰润区，面积为 730033.9 亩，占本级耕地面积的 19.09%；玉田县面积为 671229.30 亩，占本级耕地面积的 17.55%；迁安市面积为 502697.6 亩，占本级耕地面积的 13.14%。详细分析结果见表 4－53。

表 4－53　耕地耕层有效铜含量 2 级地行政区域分布

县（市、区、场）	面积/亩	占本级面积（%）
丰润区	730033.90	19.09
玉田县	671229.30	17.55
迁安市	502697.60	13.14
滦南县	454552.10	11.88
滦县	349386.10	9.13
丰南区	302415.80	7.91
乐亭县	222608.20	5.82

县（市、区、场）	面积/亩	占本级面积（%）
遵化市	191046.80	4.99
迁西县	155727.50	4.07
古冶区	93255.02	2.44
开平区	82922.94	2.17
唐海（曹妃甸）县	43879.09	1.15
路北区	9864.93	0.26
汉沽农场	8290.63	0.22
路南区	6561.80	0.17
芦台农场	507.03	0.01

（三）耕地耕层有效铜含量3级地行政区域分布特点

3级地面积为1748230.9亩，占总耕地面积的21.2%。3级地主要分布在乐亭县，面积为638391.40亩，占本级耕地面积的36.51%；滦县面积为428026.70亩，占本级耕地面积的24.48%；滦南县面积为173521.40亩，占本级耕地面积的9.93%。详细分析结果见表4-54。

表4-54 耕地耕层有效铜含量3级地行政区域分布

县（市、区）	面积/亩	占本级面积（%）
乐亭县	638391.40	36.51
滦县	428026.70	24.48
滦南县	173521.40	9.93
丰南区	135720.80	7.76
迁安市	102451.30	5.86
玉田县	75399.00	4.31
开平区	69342.11	3.97
迁西县	49697.18	2.84
古冶区	39282.23	2.25
丰润区	21615.92	1.24
路南区	6423.56	0.37
路北区	5330.92	0.3
遵化市	2756.40	0.16
唐海（曹妃甸）县	271.98	0.02

第七节 有效铁

一、耕层土壤有效铁含量及分布特点

本次耕地地力调查共化验分析耕层土壤样本 56361 个，我们应用克里金空间插值技术并对其进行空间分析得知，全市耕层土壤有效铁含量平均为 25.88mg/kg，变化幅度为 3.31~194.01mg/kg。

（一）耕层土壤有效铁含量的行政区域分布特点

利用行政区划图对土壤有效铁含量栅格数据进行区域统计发现，土壤有效铁含量平均值达到 20.00mg/kg 的县（市、区）有滦县、遵化市、玉田县、迁西县、滦南县、唐海（曹妃甸）县、古冶区、迁安市，面积为 5093483.0 亩，占全市总耕地面积的 61.8%，其中滦县、遵化市平均含量超过了 40.00mg/kg，面积合计为 1536786.0 亩，占全市总耕地面积的 18.7%。平均值小于 20.00mg/kg 的县（市、区、场）有芦台农场、丰南区、路南区、开平区、汉沽农场、丰润区、乐亭县、路北区，面积为 3145730.0 亩，占全市总耕地面积的 38.2%，其中乐亭县、路北区平均含量低于 15.00mg/kg，面积合计为 955970.0 亩，占全市总耕地面积的 11.6%。具体的分析结果见表 4-55。

表 4-55 不同行政区域耕层土壤有效铁含量的分布特点

县（市、区、场）	面积/亩	占总耕地（%）	最小值/（mg/kg）	最大值/（mg/kg）	平均值/（mg/kg）
滦县	806000.0	9.8	7.03	148.41	72.81
遵化市	730786.0	8.9	6.31	157.30	43.43
玉田县	1079990.0	13.0	10.81	53.14	24.03
迁西县	277800.0	3.4	6.99	81.02	21.68
滦南县	1060120.0	12.9	3.58	79.74	21.25
唐海（曹妃甸）县	338320.0	4.1	8.82	37.25	21.20
古冶区	151410.0	1.8	8.29	90.63	20.57
迁安市	649057.0	7.9	3.77	125.67	20.39
芦台农场	120375.0	1.5	14.17	26.46	19.14
丰南区	726000.0	8.8	3.31	47.41	16.96
路南区	16995.0	0.2	8.39	33.62	16.57
开平区	157590.0	1.9	6.29	117.83	16.41
汉沽农场	99600.0	1.2	4.13	21.74	16.20

续表

县（市、区、场）	面积/亩	占总耕地（%）	最小值/（mg/kg）	最大值/（mg/kg）	平均值/（mg/kg）
丰润区	1069202.0	13.0	3.59	194.01	15.18
乐亭县	932000.0	11.3	8.89	29.63	14.27
路北区	23970.0	0.3	4.58	22.36	14.26

（二）耕层土壤有效铁含量与土壤质地的关系

利用土壤质地图对土壤有效铁含量栅格数据进行区域统计发现，土壤有效铁含量最高的质地是沙质，平均含量达到了 34.43mg/kg，变化幅度为 3.77～194.01mg/kg，而最低的质地为黏质，平均含量为 17.82mg/kg，变化幅度为 3.32～87.19mg/kg。各质地有效铁含量平均值由大到小的排列顺序为：沙质、沙壤质、中壤质、轻壤质、黏质。具体的分析结果见表 4-56。

表 4-56　不同土壤质地与耕层土壤有效铁含量的分布特点　单位：mg/kg

土壤质地	最小值	最大值	平均值
沙质	3.77	194.01	34.43
沙壤质	4.88	149.06	29.34
中壤质	3.31	193.16	26.74
轻壤质	3.58	152.82	23.86
黏质	3.32	87.19	17.82

（三）耕层土壤有效铁含量与土壤分类的关系

1. 耕层土壤有效铁含量与土类的关系

土壤有效铁含量最高的土类是褐土，平均含量达到了 33.06mg/kg，变化幅度为 3.77～157.30mg/kg，而最低的土类为砂姜黑土，平均含量为 14.41mg/kg，变化幅度为 3.31～46.77mg/kg。各土类有效铁含量平均值由大到小的排列顺序见表 4-57。

表 4-57　不同土类耕层土壤有效铁含量的分布特点　单位：mg/kg

土壤类型	最小值	最大值	平均值
褐土	3.77	157.30	33.06
棕壤	17.57	120.28	30.32
石质土	6.29	141.71	30.18
粗骨土	6.29	115.30	25.13
水稻土	7.77	123.89	24.15
沼泽土	3.57	47.41	20.77

土壤类型	最小值	最大值	平均值
风沙土	5.38	99.76	20.58
潮土	3.58	194.01	19.75
新积土	17.83	21.65	19.35
红黏土	7.42	30.59	18.42
滨海盐土	4.59	25.35	16.17
砂姜黑土	3.31	46.77	14.41

2. 耕层土壤有效铁含量与亚类的关系

土壤有效铁含量最高的亚类是水稻土—淹育型水稻土，平均含量达到了60.05mg/kg，变化幅度为10.66～123.89mg/kg，而最低的亚类为砂姜黑土—盐化砂姜黑土，平均含量为12.27mg/kg，变化幅度为3.32～41.09mg/kg。各亚类有效铁含量平均值由大到小的排列顺序见表4-58。

表4-58　不同亚类耕层土壤有效铁含量的分布特点　　　单位：mg/kg

土类	亚类	最小值	最大值	平均值
水稻土	淹育型水稻土	10.66	123.89	60.05
褐土	褐土	26.44	54.02	40.11
棕壤	棕壤性土	17.98	120.28	35.29
褐土	潮褐土	3.77	157.30	34.48
褐土	淋溶褐土	5.31	143.75	33.13
石质土	硅质石质土	6.86	141.71	31.81
石质土	钙质石质土	6.29	106.22	27.44
棕壤	棕壤	17.57	51.25	25.81
褐土	褐土性土	7.46	135.17	25.78
粗骨土	钙质粗骨土	6.29	115.30	25.28
潮土	湿潮土	17.77	33.19	24.90
水稻土	潴育型水稻土	7.77	46.56	23.04
潮土	脱潮土	4.00	87.19	22.58
粗骨土	酸性硅铝质粗骨土	15.30	28.97	22.22
沼泽土	盐化沼泽土	7.88	42.50	22.14
褐土	石灰性褐土	6.31	87.38	20.95
风沙土	流动风沙土	5.38	99.76	20.58

续表

土类	亚类	最小值	最大值	平均值
沼泽土	草甸沼泽土	4.43	47.41	20.23
潮土	潮土	3.58	193.16	20.13
新积土	新积土	17.83	21.65	19.35
沼泽土	沼泽土	3.57	42.78	19.26
潮土	盐化潮土	3.85	194.01	18.50
红黏土	红黏土	7.42	30.59	18.42
石质土	硅铝质石质土	10.69	25.25	17.77
滨海盐土	滨海盐土	4.59	25.35	16.17
砂姜黑土	砂姜黑土	3.31	46.77	15.22
砂姜黑土	盐化砂姜黑土	3.32	41.09	12.27

3. 耕层土壤有效铁含量与土属的关系

土壤有效铁含量最高的土属是水稻土—淹育型水稻土—壤质洪冲积物，平均含量达到了100.89mg/kg，变化幅度为64.07~123.89mg/kg，而最低的土属为砂姜黑土—砂姜黑土—脱沼泽中壤质，平均含量为8.64mg/kg，变化幅度为3.31~46.77mg/kg。各土属有效铁含量平均值由大到小的排列顺序见表4-59。

表4-59　不同土属耕层土壤有效铁含量的分布特点　　　　单位：mg/kg

土类	亚类	土属	最小值	最大值	平均值
水稻土	淹育型水稻土	壤质洪冲积物	64.07	123.89	100.89
褐土	潮褐土	人工堆垫壤质	54.64	108.77	84.54
褐土	潮褐土	矿质洪冲积物	3.77	135.63	44.60
褐土	褐土	壤质洪冲积物	26.44	54.02	40.11
褐土	潮褐土	中壤质洪冲积物	4.58	157.30	37.69
褐土	淋溶褐土	中壤质洪冲积物	6.33	135.36	36.61
褐土	淋溶褐土	酸性硅铝质残坡积物	9.18	140.09	36.52
棕壤	棕壤性土	酸性硅铝质残坡积物	17.98	120.28	35.29
褐土	潮褐土	沙壤质洪冲积物	5.15	149.06	35.29
水稻土	淹育型水稻土	壤质冲积物	10.66	110.45	35.07

续表

土类	亚类	土属	最小值	最大值	平均值
褐土	淋溶褐土	硅质残坡积物	6.41	141.71	34.38
褐土	淋溶褐土	轻壤质洪冲积物	6.74	139.91	33.41
石质土	硅质石质土	硅质残坡积物	6.86	141.71	31.82
褐土	淋溶褐土	沙壤质洪冲积物	5.60	143.75	30.73
水稻土	潴育型水稻土	氯化物中壤质	7.77	46.56	30.47
褐土	石灰性褐土	壤质洪冲积物	6.35	87.38	29.54
棕壤	棕壤	壤质洪冲积物	17.64	51.25	29.05
潮土	脱潮土	沙质冲积物	15.89	87.19	27.57
石质土	钙质石质土	钙质残坡积物	6.29	106.22	27.44
褐土	潮褐土	轻壤质洪冲积物	5.48	152.82	26.69
褐土	褐土性土	硅质残坡积物	10.99	135.17	26.56
棕壤	棕壤	酸性硅铝质残坡积物	17.64	35.75	26.21
褐土	淋溶褐土	钙质残坡积物	5.86	117.07	25.43
粗骨土	钙质粗骨土	钙质残坡积物	6.29	115.30	25.28
潮土	湿潮土	黏质湖相	17.77	33.19	24.90
潮土	盐化潮土	氯化物沙质	10.81	194.01	24.26
褐土	淋溶褐土	中性硅铝质残坡积物	20.34	27.29	22.62
褐土	褐土性土	中性硅铝质残坡积物	15.01	29.94	22.46
潮土	盐化潮土	氯化物—硫酸盐中壤质	9.49	37.21	22.25
粗骨土	酸性硅铝质粗骨土	酸性硅铝质残坡积物	15.30	28.97	22.22
潮土	潮土	沙质冲积物	7.13	94.15	22.14
沼泽土	盐化沼泽土	氯化物	7.88	42.50	22.14
潮土	脱潮土	壤质冲积物	4.00	35.80	21.91
潮土	盐化潮土	氯化物湿中壤	16.89	33.88	21.69
潮土	潮土	沙壤质冲积物	4.88	127.81	21.67
水稻土	潴育型水稻土	氯化物黏质	13.51	40.20	21.37
潮土	潮土	黏质冲积物	10.13	39.37	21.07
褐土	淋溶褐土	黄土壮物质	19.21	22.66	20.97
沼泽土	草甸沼泽土	黏质湖相	4.43	47.41	20.84
棕壤	棕壤	硅质残坡积物	17.57	23.72	20.80

土类	亚类	土属	最小值	最大值	平均值
水稻土	潴育型水稻土	氯化物黏质湖相	13.91	23.25	20.79
水稻土	潴育型水稻土	氯化物轻壤质	15.78	24.40	20.71
风沙土	流动风沙土	沙质风积物	5.38	99.76	20.58
潮土	潮土	中壤质冲积物	3.82	193.16	20.39
潮土	盐化潮土	氯化物湿黏质	8.82	26.67	20.07
潮土	盐化潮土	氯化物—硫酸盐黏质	3.85	38.56	19.62
潮土	盐化潮土	硫酸盐—氯化物中壤质	18.11	27.53	19.60
褐土	淋溶褐土	沙质洪冲积物	5.31	88.76	19.57
褐土	褐土性土	酸性硅铝质残坡积物	11.26	73.96	19.50
新积土	新积土	沙质冲积物	17.83	21.65	19.35
沼泽土	沼泽土	黏质湖相	3.57	42.78	19.26
滨海盐土	滨海盐土	黏质海相	9.67	25.35	18.80
潮土	盐化潮土	氯化物—硫酸盐轻壤质	4.73	26.46	18.71
砂姜黑土	砂姜黑土	脱沼泽黏质	5.97	43.60	18.69
潮土	盐化潮土	硫酸盐—氯化物湿中壤	9.46	41.33	18.69
褐土	褐土性土	钙质残坡积物	7.46	23.52	18.57
红黏土	红黏土	红土物质	7.42	30.59	18.41
潮土	盐化潮土	硫酸盐—氯化物湿黏质	3.95	37.25	18.20
沼泽土	草甸沼泽土	壤质冲积物	10.79	36.39	18.16
石质土	硅铝质石质土	中性硅铝质残坡积物	10.69	25.25	17.77
潮土	潮土	轻壤质冲积物	3.58	100.86	17.23
潮土	盐化潮土	氯化物黏质	4.21	23.33	16.62
滨海盐土	滨海盐土	生草黏质海相	4.59	25.35	15.80
滨海盐土	滨海盐土	生草中壤质海相	10.31	24.39	15.63
潮土	盐化潮土	氯化物轻壤质	10.79	28.20	14.81
潮土	盐化潮土	氯化物中壤质	7.44	32.64	13.63
滨海盐土	滨海盐土	生草沙壤质海相	11.89	14.11	13.06
滨海盐土	滨海盐土	生草轻壤质海相	9.38	16.67	12.79
潮土	盐化潮土	氯化物沙壤质	11.03	14.11	12.32
砂姜黑土	盐化砂姜黑土	硫酸盐—氯化物湿黏质	3.32	41.09	12.27
滨海盐土	滨海盐土	沙质海相	10.19	13.20	11.73

土类	亚类	土属	最小值	最大值	平均值
褐土	石灰性褐土	钙质残坡积物	6.31	17.62	10.44
砂姜黑土	砂姜黑土	脱沼泽中壤质	3.31	46.77	8.64

二、耕层土壤有效铁含量分级及特点

全市耕地土壤有效铁含量处于 1 至 5 级，其中最多的为 1 级，面积 4080201.93 亩，占总耕地面积的 49.5%；最少的为 5 级，面积 30.8 亩，不到总耕地面积的 0.1%。1 级主要分布在玉田县、滦县、滦南县、遵化市。2 级主要分布在乐亭县、丰润区、迁安市、滦南县。3 级主要分布在丰南区、丰润区、滦南县、迁安市。4 级主要分布在丰南区、丰润区。5 级全部分布在迁安市（见表 4 – 60）。

表 4 – 60　耕地耕层有效铁含量分级及面积

级别	1	2	3	4	5
范围/（mg/kg）	>20.0	20.0~10.0	10.0~4.5	4.5~0.25	≤0.25
耕地面积/亩	4080201.93	3692746.5	438987.53	27248.29	30.8
占总耕地（%）	49.5	44.9	5.3	0.3	<0.1

（一）耕地耕层有效铁含量 1 级地行政区域分布特点

1 级地面积为 4080201.93 亩，占总耕地面积的 49.5%。1 级地主要分布在玉田县，面积为 850717.40 亩，占本级耕地面积的 20.85%；滦县面积为 693227.95 亩，占本级耕地面积的 16.99%；遵化市面积为 681978.36 亩，占本级耕地面积的 16.71%。详细分析结果见表 4 – 61。

表 4 – 61　耕地耕层有效铁含量 1 级地行政区域分布

县（市、区、场）	面积/亩	占本级面积（%）
玉田县	850717.40	20.85
滦县	693227.95	16.99
遵化市	681978.36	16.71
滦南县	590958.66	14.48
迁安市	280138.87	6.87
唐海（曹妃甸）县	274349.45	6.72
丰南区	267676.31	6.56
迁西县	184755.18	4.53

县（市、区、场）	面积/亩	占本级面积（%）
丰润区	88407.50	2.17
古冶区	70238.80	1.72
芦台农场	37701.70	0.92
乐亭县	28836.99	0.71
开平区	24362.27	0.60
汉沽农场	4173.91	0.10
路南区	1604.58	0.04
路北区	1074.00	0.03

（二）耕地耕层有效铁含量 2 级地行政区域分布特点

2 级地面积为 3692746.5 亩，占总耕地面积的 44.9%。2 级地主要分布在乐亭县，面积为 902302.3 亩，占本级耕地面积的 24.42%；丰润区面积为 838637.6 亩，占本级耕地面积的 22.71%；滦南县面积为 395743.5 亩，占本级耕地面积的 10.72%。详细分析结果见表 4 - 62。

表 4 - 62　耕地耕层有效铁含量 2 级地行政区域分布

县（市、区、场）	面积/亩	占本级面积（%）
乐亭县	902302.30	24.42
丰润区	838637.60	22.71
滦南县	395743.50	10.72
迁安市	342939.00	9.29
丰南区	277483.00	7.51
玉田县	229272.60	6.21
开平区	108655.50	2.94
滦县	106957.40	2.90
汉沽农场	93716.38	2.54
迁西县	92551.06	2.51
芦台农场	82673.30	2.24
古冶区	77779.87	2.11
唐海（曹妃甸）县	63965.07	1.73
遵化市	42462.38	1.15
路北区	22517.59	0.61
路南区	15089.90	0.41

（三）耕地耕层有效铁含量3级地行政区域分布特点

3级地面积为438987.53亩，占总耕地面积的5.3%。3级地主要分布在丰南区，面积为156355.80亩，占本级耕地面积的35.61%；丰润区面积为140651.40亩，占本级耕地面积的32.04%；滦南县面积为72427.73亩，占本级耕地面积的16.5%。详细分析结果见表4-63。

表4-63 耕地耕层有效铁含量3级地行政区域分布

县（市、区、场）	面积/亩	占本级面积（%）
丰南区	156355.80	35.61
丰润区	140651.40	32.04
滦南县	72427.73	16.50
迁安市	25685.41	5.85
开平区	24572.23	5.60
遵化市	6345.26	1.45
滦县	5814.65	1.32
古冶区	3391.33	0.77
汉沽农场	1704.84	0.39
乐亭县	860.71	0.20
迁西县	493.76	0.11
路北区	378.41	0.09
路南区	300.52	0.07
唐海（曹妃甸）县	5.48	0.00

（四）耕地耕层有效铁含量4级地行政区域分布特点

4级地面积为27248.29亩，占总耕地面积的0.3%。丰南区面积为24484.89亩，占本级耕地面积的89.86%；丰润区面积为1505.5亩，占本级耕地面积的5.53%；滦南县面积为990.11亩，占本级耕地面积的3.63%。详细分析结果见表4-64。

表4-64 耕地耕层有效铁含量4级地行政区域分布

县（市、区、场）	面积/亩	占本级面积（%）
丰南区	24484.89	89.86
丰润区	1505.5	5.53
滦南县	990.11	3.63
迁安市	262.92	0.96
汉沽农场	4.87	0.02

（五）耕地耕层有效铁含量 5 级地行政区域分布特点

5 级地面积为 30.8 亩，不到总耕地面积的 0.1%。5 级地主要布在迁安市。

第八节　有效锰

一、耕层土壤有效锰含量及分布特点

本次耕地地力调查共化验分析耕层土壤样本 56361 个，我们应用克里金空间插值技术并对其进行空间分析得知，全市耕层土壤有效锰含量平均为 19.61mg/kg，变化幅度为 3.30 ~ 90.53mg/kg。

（一）耕层土壤有效锰含量的行政区域分布特点

利用行政区划图对土壤有效锰含量栅格数据进行区域统计发现，土壤有效锰含量平均值达到 18.00mg/kg 的县（市、区）有遵化市、迁安市、滦县、路南区、迁西县、滦南县，面积为 3540758.0 亩，占全市总耕地面积的 43.0%，其中遵化市平均含量超过了 30.00mg/kg，面积合计为 730786.0 亩，占全市总耕地面积的 8.9%。平均值小于 19.00mg/kg 的县（市、区、场）有滦南县、玉田县、开平区、路北区、丰润区、唐海（曹妃甸）县、丰南区、古冶区、芦台农场、乐亭县、汉沽农场，面积为 5758575.0 亩，占全市总耕地面积的 69.9%，其中芦台农场、乐亭县、汉沽农场平均含量低于 12.00mg/kg，面积合计为 1151975.0 亩，占全市总耕地面积的 14.0%。具体的分析结果见表 4 – 65。

表 4 – 65　不同行政区域耕层土壤有效锰含量的分布特点

县（市、区、场）	面积/亩	占总耕地（%）	最小值/（mg/kg）	最大值/（mg/kg）	平均值/（mg/kg）
遵化市	730786.0	8.9	11.82	90.53	38.25
迁安市	649057.0	7.9	7.06	77.42	29.71
滦县	806000.0	9.8	3.30	42.16	21.73
路南区	16995.0	0.2	11.06	27.61	19.49
迁西县	277800.0	3.4	10.16	43.80	19.06
滦南县	1060120.0	12.9	4.44	33.24	18.49
玉田县	1079990.0	13.0	5.09	52.08	17.34
开平区	157590.0	1.9	8.80	32.93	16.69
路北区	23970.0	0.3	8.37	24.65	15.54
丰润区	1069202.0	13.0	3.52	45.78	14.15
唐海（曹妃甸）县	338320.0	4.1	7.07	25.46	13.11

县（市、区、场）	面积/亩	占总耕地（%）	最小值/（mg/kg）	最大值/（mg/kg）	平均值/（mg/kg）
丰南区	726000.0	8.8	3.31	26.72	12.68
古冶区	151410.0	1.8	3.56	30.67	12.61
芦台农场	120375.0	1.5	8.66	14.92	11.42
乐亭县	932000.0	11.3	7.21	26.27	10.37
汉沽农场	99600.0	1.2	4.93	14.20	10.16

（二）耕层土壤有效锰含量与土壤质地的关系

利用土壤质地图对土壤有效锰含量栅格数据进行区域统计发现，土壤有效锰含量最高的质地是沙壤质，平均含量达到了21.51mg/kg，变化幅度为4.41~90.53mg/kg，而最低的质地为黏质，平均含量为12.16mg/kg，变化幅度为3.30~48.86mg/kg。各质地有效锰含量平均值由大到小的排列顺序为：沙壤质、中壤质、轻壤质、沙质、黏质。具体的分析结果见表4-66。

表4-66 不同土壤质地与耕层土壤有效锰含量的分布特点　　单位：mg/kg

土壤质地	最小值	最大值	平均值
沙壤质	4.41	90.53	21.51
中壤质	3.31	89.82	21.28
轻壤质	4.21	84.98	20.04
沙质	3.30	64.91	18.64
黏质	3.30	48.86	12.16

（三）耕层土壤有效锰含量与土壤分类的关系

1. 耕层土壤有效锰含量与土类的关系

土壤有效锰含量最高的土类是棕壤，平均含量达到了30.81mg/kg，变化幅度为11.42~59.21mg/kg，而最低的土类为砂姜黑土，平均含量为10.51mg/kg，变化幅度为3.30~48.86mg/kg。各土类有效锰含量平均值由大到小的排列顺序见表4-67。

表4-67 不同土类耕层土壤有效锰含量的分布特点　　单位：mg/kg

土壤类型	最小值	最大值	平均值
棕壤	11.42	59.21	30.81
红黏土	9.56	48.40	27.01
石质土	7.39	68.65	25.22
褐土	3.30	90.53	24.49

土壤类型	最小值	最大值	平均值
粗骨土	7.88	84.98	23.31
风沙土	8.10	49.62	19.08
新积土	15.72	21.11	19.07
潮土	4.12	66.46	15.55
水稻土	4.68	27.44	14.24
沼泽土	3.49	24.95	12.68
滨海盐土	3.68	23.49	11.66
砂姜黑土	3.30	48.86	10.51

2. 耕层土壤有效锰含量与亚类的关系

在 27 个亚类中，土壤有效锰含量最高的亚类是褐土—褐土，平均含量达到了 38.98mg/kg，变化幅度为 23.51~60.89mg/kg，而最低的亚类为砂姜黑土—盐化砂姜黑土，平均含量为 9.93mg/kg，变化幅度为 3.30~25.75mg/kg。各亚类有效锰含量平均值由大到小的排列顺序见表 4-68。

表 4-68　不同亚类耕层土壤有效锰含量的分布特点　　　单位：mg/kg

土类	亚类	最小值	最大值	平均值
褐土	褐土	23.51	60.89	38.98
棕壤	棕壤性土	14.65	59.21	35.27
红黏土	红黏土	9.56	48.40	27.01
褐土	淋溶褐土	7.06	90.53	27.00
棕壤	棕壤	11.42	57.70	26.76
石质土	硅质石质土	7.43	68.65	26.30
粗骨土	钙质粗骨土	7.88	84.98	23.69
褐土	潮褐土	3.30	89.82	23.43
石质土	钙质石质土	8.87	45.65	21.65
褐土	褐土性土	7.46	61.18	20.72
潮土	脱潮土	4.21	32.69	20.37
风沙土	流动风沙土	8.10	49.62	19.08
新积土	新积土	15.72	21.11	19.07
水稻土	淹育型水稻土	4.68	27.44	18.54
石质土	硅铝质石质土	7.39	29.81	18.36

续表

土类	亚类	最小值	最大值	平均值
潮土	湿潮土	9.51	24.39	16.85
褐土	石灰性褐土	9.50	29.90	16.80
潮土	潮土	4.16	66.46	16.43
粗骨土	酸性硅铝质粗骨土	11.75	20.70	16.39
水稻土	潴育型水稻土	7.42	24.54	14.11
沼泽土	盐化沼泽土	9.58	24.95	13.37
潮土	盐化潮土	4.12	45.56	12.78
沼泽土	草甸沼泽土	4.28	22.64	12.63
沼泽土	沼泽土	3.49	20.05	11.74
滨海盐土	滨海盐土	3.68	23.49	11.66
砂姜黑土	砂姜黑土	3.31	48.86	10.72
砂姜黑土	盐化砂姜黑土	3.30	25.75	9.93

3. 耕层土壤有效锰含量与土属的关系

土壤有效锰含量最高的土属是褐土—褐土—壤质洪冲积物，平均含量达到了 38.98mg/kg，变化幅度为 23.51~60.89mg/kg，而最低的土属为砂姜黑土—砂姜黑土—脱沼泽中壤质，平均含量为 8.03mg/kg，变化幅度为 3.31~25.39mg/kg。各土属有效锰含量平均值由大到小的排列顺序见表 4-69。

表 4-69　不同土属耕层土壤有效锰含量的分布特点　　单位：mg/kg

土类	亚类	土属	最小值	最大值	平均值
褐土	褐土	壤质洪冲积物	23.51	60.89	38.98
棕壤	棕壤	壤质洪冲积物	30.78	57.70	38.79
棕壤	棕壤性土	酸性硅铝质残坡积物	14.65	59.21	35.27
褐土	褐土性土	钙质残坡积物	10.25	46.38	32.26
褐土	淋溶褐土	中壤质洪冲积物	7.06	83.12	29.64
褐土	潮褐土	人工堆垫壤质	22.15	33.70	29.28
褐土	潮褐土	中壤质洪冲积物	7.57	89.82	28.13
褐土	淋溶褐土	硅质残坡积物	8.92	72.43	27.87
褐土	淋溶褐土	酸性硅铝质残坡积物	10.10	69.25	27.49
红黏土	红黏土	红土物质	9.56	48.40	27.00
棕壤	棕壤	酸性硅铝质残坡积物	11.42	41.64	26.64

土类	亚类	土属	最小值	最大值	平均值
褐土	淋溶褐土	轻壤质洪冲积物	8.28	73.38	26.46
石质土	硅质石质土	硅质残坡积物	7.43	68.65	26.30
褐土	淋溶褐土	沙壤质洪冲积物	8.46	90.53	25.51
褐土	潮褐土	轻壤质洪冲积物	6.90	84.27	24.14
褐土	淋溶褐土	钙质残坡积物	7.82	84.98	23.95
粗骨土	钙质粗骨土	钙质残坡积物	7.88	84.98	23.69
褐土	潮褐土	沙壤质洪冲积物	4.41	82.56	22.04
褐土	淋溶褐土	黄土壮物质	18.22	23.84	21.74
石质土	钙质石质土	钙质残坡积物	8.87	45.65	21.65
潮土	脱潮土	壤质冲积物	4.21	32.69	21.09
潮土	盐化潮土	氯化物沙质	8.48	45.56	20.59
褐土	褐土性土	硅质残坡积物	11.37	61.18	20.47
褐土	淋溶褐土	沙质洪冲积物	8.86	64.57	20.37
棕壤	棕壤	硅质残坡积物	18.65	21.67	20.02
水稻土	淹育型水稻土	壤质冲积物	4.68	27.44	20.02
褐土	褐土性土	酸性硅铝质残坡积物	7.46	30.61	19.92
褐土	石灰性褐土	壤质洪冲积物	10.01	29.90	19.70
风沙土	流动风沙土	沙质风积物	8.10	49.62	19.09
新积土	新积土	沙质冲积物	15.72	21.11	19.07
褐土	潮褐土	矿质洪冲积物	3.30	64.91	18.94
石质土	硅铝质石质土	中性硅铝质残坡积物	7.39	29.81	18.36
潮土	潮土	沙壤质冲积物	4.77	65.71	18.30
褐土	褐土性土	中性硅铝质残坡积物	12.94	27.96	18.06
水稻土	潴育型水稻土	氯化物中壤质	10.03	23.71	17.75
潮土	湿潮土	黏质湖相	9.51	24.39	16.85
潮土	潮土	中壤质冲积物	5.86	66.46	16.67
粗骨土	酸性硅铝质粗骨土	酸性硅铝质残坡积物	11.75	20.70	16.39
潮土	潮土	沙质冲积物	4.16	30.46	16.21
水稻土	淹育型水稻土	壤质洪冲积物	10.18	22.18	16.12
褐土	淋溶褐土	中性硅铝质残坡积物	12.64	23.34	16.12

土类	亚类	土属	最小值	最大值	平均值
潮土	盐化潮土	硫酸盐—氯化物湿中壤	5.97	20.08	15.92
潮土	盐化潮土	氯化物湿中壤	9.97	19.14	15.04
潮土	脱潮土	沙质冲积物	10.56	29.05	15.02
潮土	盐化潮土	氯化物—硫酸盐中壤质	6.90	31.16	14.11
潮土	潮土	轻壤质冲积物	6.81	52.08	14.02
潮土	潮土	黏质冲积物	5.76	27.41	14.01
水稻土	潴育型水稻土	氯化物黏质	7.42	24.54	14.01
沼泽土	盐化沼泽土	氯化物	9.58	24.95	13.37
褐土	石灰性褐土	钙质残坡积物	9.50	20.00	13.27
潮土	盐化潮土	氯化物—硫酸盐黏质	4.12	26.58	13.19
滨海盐土	滨海盐土	黏质海相	4.08	18.15	13.19
潮土	盐化潮土	硫酸盐—氯化物中壤质	10.07	14.75	12.91
沼泽土	草甸沼泽土	黏质湖相	4.28	22.64	12.65
沼泽土	草甸沼泽土	壤质冲积物	9.10	19.43	12.56
潮土	盐化潮土	氯化物湿黏质	7.58	19.70	12.16
砂姜黑土	砂姜黑土	脱沼泽黏质	5.15	48.86	12.14
水稻土	潴育型水稻土	氯化物黏质湖相	9.05	20.64	11.94
沼泽土	沼泽土	黏质湖相	3.49	20.05	11.74
潮土	盐化潮土	氯化物黏质	4.45	21.24	11.72
滨海盐土	滨海盐土	生草黏质海相	3.68	23.49	11.67
潮土	盐化潮土	氯化物—硫酸盐轻壤质	5.21	15.00	11.24
水稻土	潴育型水稻土	氯化物轻壤质	8.53	15.65	10.93
潮土	盐化潮土	硫酸盐—氯化物湿黏质	4.12	18.48	10.58
滨海盐土	滨海盐土	生草中壤质海相	8.50	23.05	10.42
潮土	盐化潮土	氯化物中壤质	7.78	21.85	10.36
潮土	盐化潮土	氯化物轻壤质	7.31	20.43	10.19
砂姜黑土	盐化砂姜黑土	硫酸盐—氯化物湿黏质	3.30	25.75	9.93
潮土	盐化潮土	氯化物沙壤质	8.75	11.70	9.87
滨海盐土	滨海盐土	沙质海相	8.89	10.18	9.61
滨海盐土	滨海盐土	生草沙壤质海相	8.88	11.22	9.56
滨海盐土	滨海盐土	生草轻壤质海相	7.22	11.79	9.36
砂姜黑土	砂姜黑土	脱沼泽中壤质	3.31	25.39	8.03

二、耕层土壤有效锰含量分级及特点

全市耕地土壤有效锰含量处于 1 至 4 级，其中最多的为 2 级，面积 3635531.18 亩，占总耕地面积的 44.1%；最少的为 4 级，面积 55625.39 亩，占总耕地面积的 0.7%。没有 5 级。1 级主要分布在遵化市、滦县。2 级主要分布在滦南县、玉田县、滦县、丰润区。3 级主要分布在乐亭县、丰润区、玉田县、丰南区。4 级主要分布在丰南区、滦县（见表 4 – 70）。

表 4 – 70　耕地耕层有效锰含量分级及面积

级别	1	2	3	4	5
范围/（mg/kg）	＞30.0	15.0～30.0	5.0～15.0	1.0～5.0	≤1.0
耕地面积/亩	1042575.42	3635531.18	3505483.01	55625.39	0
占总耕地（%）	12.7	44.1	42.5	0.7	0

（一）耕地耕层有效锰含量 1 级地行政区域分布特点

1 级地面积为 1042575.42 亩，占总耕地面积的 12.7%。1 级地主要分布在遵化市，面积为 509954.09 亩，占本级耕地面积的 48.92%；迁安市面积为 292988.28 亩，占本级耕地面积的 28.10%；滦县面积为 151617.75 亩，占本级耕地面积的 14.54%。详细分析结果见表 4 –71。

表 4 –71　耕地耕层有效锰含量 1 级地行政区域分布

县（市、区）	面积/亩	占本级面积（%）
遵化市	509954.09	48.92
迁安市	292988.28	28.10
滦县	151617.75	14.54
玉田县	57079.10	5.47
滦南县	17271.10	1.66
迁西县	8320.34	0.80
丰润区	4175.29	0.40
开平区	1086.73	0.10
古冶区	82.74	0.01

（二）耕地耕层有效锰含量 2 级地行政区域分布特点

2 级地面积为 3635531.18 亩，占总耕地面积的 44.1%。2 级地主要分布在滦南县，面积为 920059.00 亩，占本级耕地面积的 25.31%；玉田县面积为 514537.20 亩，占本级耕地面积的 14.15%；滦县面积为 459694.3 亩，占本级耕地面积的 12.64%。详细分析结果见表 4 – 72。

表 4 – 72　耕地耕层有效锰含量 2 级地行政区域分布

县（市、区）	面积/亩	占本级面积（%）
滦南县	920059.00	25.31
玉田县	514537.20	14.15
滦县	459694.30	12.64
丰润区	428699.80	11.79
迁安市	320183.80	8.81
丰南区	264287.90	7.27
迁西县	230910.00	6.35
遵化市	217421.70	5.98
开平区	108642.90	2.99
唐海（曹妃甸）县	59251.80	1.63
乐亭县	47608.60	1.31
古冶区	35122.79	0.97
路北区	16706.28	0.46
路南区	12405.11	0.34

（三）耕地耕层有效锰含量 3 级地行政区域分布特点

3 级地面积为 3505483.01 亩，占总耕地面积的 42.5%。3 级地主要分布在乐亭县，面积为 884391.94 亩，占本级耕地面积的 25.23%；丰润区面积为 634047.30 亩，占本级耕地面积的 18.09%；玉田县面积为 508373.70 亩，占本级耕地面积的 14.50%。详细分析结果见表 4 – 73。

表 4 – 73　耕地耕层有效锰含量 3 级地行政区域分布

县（市、区、场）	面积/亩	占本级面积（%）
乐亭县	884391.40	25.23
丰润区	634047.30	18.09
玉田县	508373.70	14.50
丰南区	414534.24	11.83
唐海（曹妃甸）县	279068.20	7.96
滦县	189357.60	5.40
滦南县	122789.90	3.50

县（市、区、场）	面积/亩	占本级面积（%）
芦台农场	120375.00	3.43
古冶区	115379.80	3.29
汉沽农场	99587.10	2.84
开平区	47860.37	1.37
迁西县	38569.66	1.10
迁安市	35884.92	1.02
路北区	7263.72	0.21
路南区	4589.89	0.13
遵化市	3410.21	0.10

（四）耕地耕层有效锰含量4级地行政区域分布特点

4级地面积为55625.39亩，占总耕地面积的0.7%。丰南区面积为47177.86亩，占本级耕地面积的84.82%；滦县面积为5330.35亩，占本级耕地面积的9.58%；丰润区面积为2279.61亩，占本级耕地面积的4.10%。详细分析结果见表4-74。

表4-74 耕地耕层有效锰含量4级地行政区域分布

县（市、区、场）	面积/亩	占本级面积（%）
丰南区	47177.86	84.82
滦县	5330.35	9.58
丰润区	2279.61	4.10
古冶区	824.67	1.48
汉沽农场	12.90	0.02

第九节　有效锌

一、耕层土壤有效锌含量及分布特点

本次耕地地力调查共化验分析耕层土壤样本56361个，我们应用克里金空间插值技术并对其进行空间分析得知，全市耕层土壤有效锌含量平均为2.40mg/kg，变化幅度为0.32～18.51mg/kg。

（一）耕层土壤有效锌含量的行政区域分布特点

利用行政区划图对土壤有效锌含量栅格数据进行区域统计发现，土壤有效锌含量平均值达到2.00mg/kg的县（市、区）有路北区、开平区、滦南县、古冶区、滦县、路南区、丰润区、遵化市、迁西县、唐海（曹妃甸）县，面积为4632191.0亩，占全市总耕地面积的56.2%，其中路北区平均含量超过了3.50mg/kg，面积合计为23970.0亩，占全市总耕地面积的0.3%。平均值小于2.00mg/kg的县（市、区、场）有乐亭县、玉田县、迁安市、丰南区、汉沽农场、芦台农场，面积为3607022.0亩，占全市总耕地面积的43.8%，其中芦台农场平均含量低于1.50mg/kg，面积合计为120375.0亩，占全市总耕地面积的1.5%。具体的分析结果见表4-75。

表4-75 不同行政区域耕层土壤有效锌含量的分布特点

县（市、区、场）	面积/亩	占总耕地（%）	最小值/（mg/kg）	最大值/（mg/kg）	平均值/（mg/kg）
路北区	23970.0	0.3	1.45	9.33	4.59
开平区	157590.0	1.9	1.15	6.54	3.41
滦南县	1060120.0	12.9	0.76	6.52	3.27
古冶区	151410.0	1.8	0.81	8.66	3.19
滦县	806000.0	9.8	0.76	12.26	3.17
路南区	16995.0	0.2	1.41	5.50	3.06
丰润区	1069202.0	13.0	0.51	18.51	2.85
遵化市	730786.0	8.9	0.80	4.86	2.51
迁西县	277800.0	3.4	0.74	4.57	2.39
唐海（曹妃甸）县	338320.0	4.1	0.47	4.49	2.05
乐亭县	932000.0	11.3	0.85	5.04	1.95
玉田县	1079990.0	13.0	0.34	9.08	1.88
迁安市	649057.0	7.9	0.51	8.31	1.75
丰南区	726000.0	8.8	0.32	5.05	1.60
汉沽农场	99600.0	1.2	0.44	3.88	1.57
芦台农场	120375.0	1.5	0.57	4.06	1.19

（二）耕层土壤有效锌含量与土壤质地的关系

利用土壤质地图对土壤有效锌含量栅格数据进行区域统计发现，土壤有效锌含量最高的质地是沙壤质，平均含量达到了2.62mg/kg，变化幅度为0.32~12.26mg/kg，而最低的质地为黏质，平均含量为1.72mg/kg，变化幅度为0.32~5.19mg/kg。各质地有效锌含量平均值由大到小的排列顺序为：沙壤质、轻壤质、中壤质、沙质、黏质。具体的分析结果见表4-76。

表 4 –76　不同土壤质地与耕层土壤有效锌含量的分布特点　单位：mg/kg

土壤质地	最小值	最大值	平均值
沙壤质	0.32	12.26	2.62
轻壤质	0.32	18.05	2.50
中壤质	0.38	18.51	2.47
沙质	0.45	11.94	2.38
黏质	0.32	5.19	1.72

（三）耕层土壤有效锌含量与土壤分类的关系

1. 耕层土壤有效锌含量与土类的关系

土壤有效锌含量最高的土类是褐土，平均含量达到了 2.62mg/kg，变化幅度为 0.51~18.51mg/kg，而最低的土类为砂姜黑土，平均含量为 1.46mg/kg，变化幅度为 0.34~5.03mg/kg。各土类有效锌含量平均值由大到小的排列顺序见表 4 –77。

表 4 –77　不同土类耕层土壤有效锌含量的分布特点　单位：mg/kg

土壤类型	最小值	最大值	平均值
褐土	0.51	18.51	2.62
新积土	1.71	3.47	2.57
石质土	0.69	16.53	2.49
棕壤	1.11	4.08	2.49
潮土	0.32	10.02	2.38
水稻土	0.90	4.74	2.32
粗骨土	0.62	9.05	2.29
风沙土	0.53	10.47	2.15
沼泽土	0.33	4.57	1.96
红黏土	0.72	3.79	1.93
滨海盐土	0.50	5.05	1.90
砂姜黑土	0.34	5.03	1.46

2. 耕层土壤有效锌含量与亚类的关系

土壤有效锌含量最高的亚类是潮土—脱潮土，平均含量达到了 3.00mg/kg，变化幅度为 0.48~5.51mg/kg，而最低的亚类为砂姜黑土—砂姜黑土，平均含量为 1.42mg/kg，变化幅度为 0.34~4.48mg/kg。各亚类有效锌含量平均值由大到小的排列顺序见表 4 –78。

表 4 - 78　不同亚类耕层土壤有效锌含量的分布特点　　　　单位：mg/kg

土类	亚类	最小值	最大值	平均值
潮土	脱潮土	0.48	5.51	3.00
石质土	钙质石质土	0.86	9.05	2.79
水稻土	淹育型水稻土	1.15	4.72	2.79
褐土	潮褐土	0.51	18.44	2.76
棕壤	棕壤性土	1.84	4.08	2.62
新积土	新积土	1.71	3.47	2.57
褐土	褐土	1.15	4.06	2.54
褐土	石灰性褐土	1.42	3.97	2.52
潮土	潮土	0.32	10.02	2.50
粗骨土	酸性硅铝质粗骨土	0.82	4.38	2.49
褐土	淋溶褐土	0.62	18.51	2.48
石质土	硅质石质土	0.69	16.53	2.47
石质土	硅铝质石质土	1.29	4.54	2.43
沼泽土	盐化沼泽土	1.06	4.57	2.42
褐土	褐土性土	0.72	4.62	2.39
棕壤	棕壤	1.11	3.84	2.37
水稻土	潴育型水稻土	0.90	4.74	2.30
粗骨土	钙质粗骨土	0.62	9.05	2.28
风沙土	流动风沙土	0.53	10.47	2.15
潮土	盐化潮土	0.32	7.78	1.99
红黏土	红黏土	0.72	3.79	1.93
滨海盐土	滨海盐土	0.50	5.05	1.90
沼泽土	草甸沼泽土	0.33	4.04	1.69
潮土	湿潮土	1.17	2.40	1.61
砂姜黑土	盐化砂姜黑土	0.57	5.03	1.58
沼泽土	沼泽土	0.44	3.94	1.53
砂姜黑土	砂姜黑土	0.34	4.48	1.42

3. 耕层土壤有效锌含量与土属的关系

土壤有效锌含量最高的土属是褐土—潮褐土—人工堆垫壤质，平均含量达到了 4.42mg/kg，变化幅度为 3.15 ~ 6.40mg/kg，而最低的土属为潮土—盐化潮土—硫酸盐—氯化物中壤质，平均含量为 1.08mg/kg，变化幅度为 0.62 ~ 1.36mg/kg。各土属有效锌含量平均值由大到小的排列顺序见表 4 – 79。

表 4 – 79　不同土属耕层土壤有效锌含量的分布特点　　　单位：mg/kg

土类	亚类	土属	最小值	最大值	平均值
褐土	潮褐土	人工堆垫壤质	3.15	6.40	4.42
水稻土	潴育型水稻土	氯化物中壤质	1.26	4.74	3.42
潮土	脱潮土	壤质冲积物	0.81	5.51	3.23
棕壤	棕壤	硅质残坡积物	2.40	3.84	3.06
褐土	潮褐土	沙壤质洪冲积物	0.64	12.26	2.87
褐土	潮褐土	轻壤质洪冲积物	0.64	17.23	2.85
潮土	盐化潮土	氯化物沙质	0.64	5.80	2.82
水稻土	淹育型水稻土	壤质冲积物	1.49	4.72	2.82
褐土	潮褐土	中壤质洪冲积物	0.55	18.44	2.81
石质土	钙质石质土	钙质残坡积物	0.86	9.05	2.79
水稻土	淹育型水稻土	壤质洪冲积物	1.15	4.71	2.74
潮土	潮土	沙壤质冲积物	0.32	6.52	2.71
褐土	淋溶褐土	硅质残坡积物	0.63	18.05	2.65
褐土	褐土性土	中性硅铝质残坡积物	1.42	3.93	2.63
棕壤	棕壤性土	酸性硅铝质残坡积物	1.84	4.08	2.62
褐土	淋溶褐土	中壤质洪冲积物	0.69	18.51	2.62
潮土	盐化潮土	氯化物—硫酸盐中壤质	0.89	7.78	2.61
新积土	新积土	沙质冲积物	1.71	3.47	2.57
棕壤	棕壤	壤质洪冲积物	2.17	2.98	2.56
褐土	褐土	壤质洪冲积物	1.15	4.06	2.54
褐土	石灰性褐土	壤质洪冲积物	1.42	3.97	2.53
褐土	石灰性褐土	钙质残坡积物	1.42	3.84	2.51
粗骨土	酸性硅铝质粗骨土	酸性硅铝质残坡积物	0.82	4.38	2.49
褐土	褐土性土	酸性硅铝质残坡积物	0.75	4.10	2.49
褐土	淋溶褐土	轻壤质洪冲积物	0.65	6.32	2.48
石质土	硅质石质土	硅质残坡积物	0.69	16.53	2.47
潮土	潮土	中壤质冲积物	0.38	5.40	2.46
石质土	硅铝质石质土	中性硅铝质残坡积物	1.29	4.54	2.43
沼泽土	盐化沼泽土	氯化物	1.06	4.57	2.42

土类	亚类	土属	最小值	最大值	平均值
褐土	淋溶褐土	沙壤质洪冲积物	0.65	6.44	2.41
褐土	淋溶褐土	钙质残坡积物	0.74	7.96	2.41
潮土	潮土	轻壤质冲积物	0.32	6.37	2.40
潮土	潮土	沙质冲积物	0.45	10.02	2.39
褐土	褐土性土	硅质残坡积物	0.72	4.62	2.38
褐土	淋溶褐土	酸性硅铝质残坡积物	0.62	4.62	2.34
褐土	潮褐土	矿质洪冲积物	0.51	11.94	2.31
粗骨土	钙质粗骨土	钙质残坡积物	0.62	9.05	2.28
棕壤	棕壤	酸性硅铝质残坡积物	1.11	3.39	2.25
沼泽土	草甸沼泽土	壤质冲积物	0.93	3.98	2.22
褐土	褐土性土	钙质残坡积物	1.30	3.94	2.19
潮土	盐化潮土	氯化物中壤质	1.17	5.09	2.18
水稻土	潴育型水稻土	氯化物黏质	0.90	4.24	2.15
风沙土	流动风沙土	沙质风积物	0.53	10.47	2.15
滨海盐土	滨海盐土	沙质海相	1.85	2.32	2.11
潮土	盐化潮土	氯化物轻壤质	0.85	3.96	2.08
褐土	淋溶褐土	沙质洪冲积物	0.67	6.08	2.07
潮土	盐化潮土	氯化物黏质	0.44	5.19	2.02
滨海盐土	滨海盐土	黏质海相	1.04	4.32	2.00
潮土	盐化潮土	氯化物沙壤质	1.38	2.32	2.00
滨海盐土	滨海盐土	生草沙壤质海相	1.78	2.34	1.96
滨海盐土	滨海盐土	生草中壤质海相	1.01	3.92	1.95
红黏土	红黏土	红土物质	0.72	3.79	1.93
滨海盐土	滨海盐土	生草轻壤质海相	1.04	2.61	1.88
水稻土	潴育型水稻土	氯化物黏质湖相	1.21	2.96	1.82
滨海盐土	滨海盐土	生草黏质海相	0.50	5.05	1.81
潮土	盐化潮土	氯化物—硫酸盐黏质	0.32	4.44	1.80
褐土	淋溶褐土	黄土状物质	1.47	2.13	1.77
潮土	盐化潮土	氯化物湿黏质	1.21	3.90	1.74
潮土	盐化潮土	硫酸盐—氯化物湿中壤	0.75	2.61	1.72
水稻土	潴育型水稻土	氯化物轻壤质	0.96	2.99	1.66

续表

土类	亚类	土属	最小值	最大值	平均值
潮土	湿潮土	黏质湖相	1.17	2.40	1.61
潮土	盐化潮土	硫酸盐—氯化物湿黏质	0.44	4.06	1.61
砂姜黑土	盐化砂姜黑土	硫酸盐—氯化物湿黏质	0.57	5.03	1.58
潮土	盐化潮土	氯化物湿中壤	0.99	2.49	1.54
沼泽土	沼泽土	黏质湖相	0.44	3.94	1.53
沼泽土	草甸沼泽土	黏质湖相	0.33	4.04	1.53
砂姜黑土	砂姜黑土	脱沼泽中壤质	0.59	3.75	1.45
砂姜黑土	砂姜黑土	脱沼泽黏质	0.34	4.48	1.40
潮土	潮土	黏质冲积物	0.48	3.61	1.38
潮土	脱潮土	沙质冲积物	0.48	3.54	1.27
褐土	淋溶褐土	中性硅铝质残坡积物	0.91	3.76	1.24
潮土	盐化潮土	氯化物—硫酸盐轻壤质	0.49	4.05	1.23
潮土	盐化潮土	硫酸盐—氯化物中壤质	0.62	1.36	1.08

二、耕层土壤有效锌含量分级及特点

全市耕地土壤有效锌含量处于1至4级，其中最多的为2级，面积5693808.4亩，占总耕地面积的69.1%；最少的为4级，面积6558.7亩，占总耕地面积的0.1%。没有5级。1级主要分布在滦南县、丰润区、滦县。2级主要分布在乐亭县、玉田县、丰润区、丰南区、遵化市。3级主要分布在玉田县、迁安市、丰南区、芦台农场。4级主要分布在丰南区、玉田县（见表4-80）。

表4-80　耕地耕层有效锌含量分级及面积

级别	1	2	3	4	5
范围/（mg/kg）	>3.0	3.0~1.0	1.0~0.5	0.5~0.3	≤0.3
耕地面积/亩	2228098.5	5693808.4	310749.4	6558.7	0
占总耕地（%）	27.0	69.1	3.8	0.1	0

（一）耕地耕层有效锌含量1级地行政区域分布特点

1级地面积为2228098.5亩，占总耕地面积的27.0%。1级地主要分布在滦南县，面积为807748.58亩，占本级耕地面积的36.25%；丰润区面积为402082.25亩，占本级耕地面积的18.05%；滦县面积为399717.93亩，占本级耕地面积的17.94%。详细分析结果见表4-81。

表4-81　耕地耕层有效锌含量1级地行政区域分布

县（市、区、场）	面积/亩	占本级面积（%）
滦南县	807748.58	36.25
丰润区	402082.25	18.05
滦县	399717.93	17.94
玉田县	126103.1	5.66
遵化市	114256.47	5.13
开平区	100407.35	4.51
古冶区	72896.47	3.27
迁安市	42834.44	1.92
乐亭县	37674.34	1.69
唐海（曹妃甸）县	37598.21	1.69
迁西县	36594.19	1.64
路北区	22458.58	1.01
丰南区	16555.69	0.74
路南区	5793.25	0.26
芦台农场	3988.40	0.18
汉沽农场	1389.26	0.06

（二）耕地耕层有效锌含量2级地行政区域分布特点

2级地面积为5693808.40亩，占总耕地面积的69.1%。2级地主要分布在乐亭县，面积为894151.60亩，占本级耕地面积的15.70%；玉田县面积为838899.60亩，占本级耕地面积的14.74%；丰润区面积为658284.60亩，占本级耕地面积的11.56%。详细分析结果见表4-82。

表4-82　耕地耕层有效锌含量2级地行政区域分布

县（市、区、场）	面积/亩	占本级面积（%）
乐亭县	894151.60	15.70
玉田县	838899.60	14.74
丰润区	658284.60	11.56
丰南区	651564.00	11.44
遵化市	616368.50	10.83
迁安市	538649.80	9.46
滦县	402503.20	7.07

续表

县（市、区、场）	面积/亩	占本级面积（%）
唐海（曹妃甸）县	299379.50	5.26
滦南县	251762.30	4.42
迁西县	239249.80	4.20
汉沽农场	92954.68	1.63
古冶区	78011.80	1.37
芦台农场	62133.18	1.09
开平区	57182.65	1.00
路南区	11201.75	0.20
路北区	1511.42	0.03

（三）耕地耕层有效锌含量 3 级地行政区域分布特点

3 级地面积为 310749.40 亩，占总耕地面积的 3.80%。3 级地主要分布在玉田县，面积为 112258.00 亩，占本级耕地面积的 36.11%；迁安市面积为 67572.76 亩，占本级耕地面积的 21.75%；丰南区面积为 54341.41 亩，占本级耕地面积的 17.49%。详细分析结果见表 4 - 83。

表 4 - 83　耕地耕层有效锌含量 3 级地行政区域分布

县（市、区、场）	面积/亩	占本级面积（%）
玉田县	112258.00	36.11
迁安市	67572.76	21.75
丰南区	54341.41	17.49
芦台农场	54253.42	17.46
丰润区	8835.15	2.84
汉沽农场	4965.56	1.60
滦县	3778.87	1.22
迁西县	1956.01	0.63
唐海（曹妃甸）县	1342.29	0.43
滦南县	609.12	0.20
古冶区	501.73	0.16
乐亭县	174.06	0.06
遵化市	161.03	0.05

（四）耕地耕层有效锌含量 4 级地行政区域分布特点

4 级地面积为 6558.7 亩，占总耕地面积的 0.1%。丰南区面积为 3538.9 亩，占本级耕地面积的 54.0%；玉田县面积为 2729.3 亩，占本级耕地面积的 41.6%；汉沽农场面积为 290.5 亩，占本级耕地面积的 4.4%。

第五章 耕地地力评价

第一节 耕地地力评价

本次耕地地力调查，结合唐山市的实际情况，共选取 8 个对耕地地力影响比较大、区域内变异明显、在时间序列上具有相对稳定性、与农业生产有密切关系的因素，建立评价指标体系。以 1 : 50000 土壤图、土地利用现状图、行政区划图 3 种图件叠加形成的图斑为评价单元。应用农业部统一提供的软件对全市耕地进行评价，唐山市耕地等级共划分为 6 级地，耕地地力等级为 1 ~ 6 级。

一、面积统计

利用 Arc/info 软件，对评价图属性进行空间分析，检索统计耕地各等级的面积及图幅总面积。以 2012 年唐山市耕地总面积 8239215.0 亩为基准，按面积比例进行平差，计算各耕地地力等级面积。其中 1 级地 1823351.0 亩，占耕地总面积的 22.1%；2 级地 1936440.0 亩，占耕地总面积的 23.5%；3 级地 1679075.0 亩，占耕地总面积的 20.4%；4 级地 1841291.1 亩，占耕地总面积的 22.4%；5 级地 669394.9 亩，占耕地总面积的 8.1%；6 级地 289663.0 亩，占耕地总面积的 3.5%（见表 5 - 1）。

表 5 - 1 耕地地力评价结果

等级	耕地面积/亩	占总耕地（%）
1	1823351.0	22.1
2	1936440.0	23.5
3	1679075.0	20.4
4	1841291.1	22.4
5	669394.9	8.1
6	289663.0	3.5

二、地域分布

耕地地力等级地域分布

从等级分布图上可以看出，1 级、2 级地集中分布在唐山市的东南部、西北部地区，该区地势平坦、水利设施良好、土壤质地多为轻壤质、中壤质，土层较厚；3 级、4 级地主要分布在中部地区，土壤质地多为沙壤质、黏质；5 级、6 级地主要分布在东北部地区。另外，从等级的分布地域特征可以看出，等级的高低与地形地貌之间存在着密切的关系，呈现出明显的地域分布规律：随着耕地地力等级的升高，地形地貌由山地向山前平原逐渐转换。各县区耕地地力等级统计见表 5-2 至表 5-17。

表 5-2　古冶区耕地地力等级统计表

级别	面积/亩	百分比（%）
1	22012.6	14.5
2	29590.5	19.5
3	2739.9	1.8
4	65474.0	43.2
5	21737.5	14.5
6	9855.5	6.5

表 5-3　路南区耕地地力等级统计表

级别	面积/亩	百分比（%）
1	14246.7	83.8
2	2689.5	15.8
4	58.8	0.4

表 5-4　开平区耕地地力等级统计表

级别	面积/亩	百分比（%）
1	21544.4	13.7
2	78455.6	49.8
3	3466.3	2.2
4	49496.2	31.4
5	837.9	0.5
6	3789.6	2.4

表 5-5　乐亭县耕地地力等级统计表

级别	面积/亩	百分比（%）
1	544003.0	58.4
2	134820.1	14.5

续表

级别	面积/亩	百分比（%）
3	45709.1	4.9
4	200406.1	21.5
5	6982.7	0.7
6	79.0	0.0

表5-6　路北区耕地地力等级统计表

级别	面积/亩	百分比（%）
1	13887.0	57.9
2	1653.5	6.9
4	8429.5	35.2

表5-7　汉沽农场耕地地力等级统计表

级别	面积/亩	百分比（%）
1	1620.3	1.6
2	9845.9	9.9
3	86595.6	86.9
4	1538.1	1.6

表5-8　玉田县耕地地力等级统计表

级别	面积/亩	百分比（%）
1	473811.3	43.9
2	68105.3	6.3
3	482071.0	44.6
4	52613.3	4.9
5	1711.7	0.2
6	1677.4	0.1

表5-9　芦台农场耕地地力等级统计表

级别	面积/亩	百分比（%）
2	110740.2	92.0
3	8987.5	7.5
4	647.3	0.5

表 5－10　唐海（曹妃甸）县耕地地力等级统计表

级别	面积/亩	百分比（%）
1	38659.7	11.4
2	82437.9	24.4
3	166420.9	49.2
4	50556.5	14.9
5	245.0	0.1

表 5－11　丰润区耕地地力等级统计表

级别	面积/亩	百分比（%）
1	212946.3	19.9
2	436725.6	40.9
3	215961.6	20.2
4	127406.4	11.9
5	50309.5	4.7
6	25852.6	2.4

表 5－12　丰南区耕地地力等级统计表

级别	面积/亩	百分比（%）
1	91315.0	12.6
2	146775.7	20.2
3	300091.1	41.3
4	138466.0	19.1
5	49019.7	6.8
6	332.5	0.0

表 5－13　滦南县耕地地力等级统计表

级别	面积/亩	百分比（%）
1	118915.7	11.2
2	252573.4	23.8
3	34254.8	3.2
4	527780.1	49.8
5	118928.1	11.3
6	7667.9	0.7

表 5-14　遵化市耕地地力等级统计表

级别	面积/亩	百分比（%）
1	122517.4	16.8
2	384110.5	52.6
3	64645.8	8.8
4	122881.4	16.8
5	15314.0	2.1
6	21316.9	2.9

表 5-15　迁西县耕地地力等级统计表

级别	面积/亩	百分比（%）
1	150.3	0.1
2	19414.1	7.0
3	15178.8	5.5
4	68871.3	24.8
5	46076.1	16.6
6	128109.4	46.0

表 5-16　滦县耕地地力等级统计表

级别	面积/亩	百分比（%）
1	142834.1	17.7
2	74525.1	9.2
3	16531.1	2.2
4	277976.9	34.5
5	281676.5	34.9
6	12456.3	1.5

表 5-17　迁安市耕地地力等级统计表

级别	面积/亩	百分比（%）
1	4887.2	0.8
2	103977.1	16.0
3	236421.5	36.4
4	148689.1	22.9
5	76556.2	11.8
6	78525.9	12.1

第二节　耕地地力等级分述

一、1级地

（一）面积与分布

将耕地地力等级分布图与行政区划图进行叠加分析，从耕地地力等级行政区域分布数据库中按权属字段检索出各等级的记录，统计各级地在各县（市、区）的分布状况。全市1级地，综合评价指数为1~0.95002，耕地面积1823351.0亩，占耕地总面积的22.1%；分析结果见表5-18。

表5-18　不同行政区域耕地地力1级地的分布特点

县（市、区）	面积/亩	占本级耕地（%）
乐亭县	544003.0	29.8
玉田县	473811.3	26.0
丰润区	212946.3	11.7
滦县	142834.1	7.8
遵化市	122517.4	6.7
滦南县	118915.7	6.5
丰南区	91315.0	5.0
唐海（曹妃甸）县	38659.7	2.1
古冶区	22012.6	1.2
开平区	21544.4	1.2
路南区	14246.7	0.8
路北区	13887.0	0.8
迁安市	4887.2	0.3
汉沽农场	1620.3	0.1
迁西县	150.3	0.0

（二）主要属性分析

1. 有机质含量

利用地力等级图对土壤有机质含量栅格数据进行区域统计得知，全市1级地土壤有机质含量平均为19.4g/kg，变化幅度为2.14~35.17g/kg。

利用行政区划图与地力等级图叠加联合形成行政区划地力等级综合图，对土壤有机质含量栅格数据进行区域统计得知，1级地中，土壤有机质含量（平均值）最高的县

（市、区）是古冶区，最低的县（市、区）是迁安市，统计结果见表 5 - 19。

表 5 - 19　不同行政区域耕层土壤有机质含量的分布特点　　单位：g/kg

县（市、区）	最大值	最小值	平均值
古冶区	34.30	18.22	26.13
开平区	26.47	12.44	21.51
路南区	33.58	11.78	21.38
乐亭县	27.13	13.19	20.84
路北区	30.08	14.25	19.98
迁西县	21.11	17.56	19.87
丰润区	28.04	12.31	19.26
丰南区	35.17	4.77	19.06
玉田县	27.35	11.12	18.81
汉沽农场	21.03	15.64	18.54
唐海（曹妃甸）县	25.06	2.14	18.49
滦南县	23.91	8.18	18.08
遵化市	24.18	10.83	17.15
滦县	26.47	8.30	16.51
迁安市	18.70	12.82	15.18

2. 全氮含量

利用地力等级图对土壤全氮含量栅格数据进行区域统计得知，全市 1 级地土壤全氮含量平均为 1.1g/kg，变化幅度为 0.38～2.34g/kg。

利用行政区划图与地力等级图叠加联合形成行政区划地力等级综合图，对土壤全氮含量栅格数据进行区域统计得知，1 级地中，土壤全氮含量（平均值）最高的县（市、区）是迁西县，最低的县（市、区）是滦县，统计结果见表 5 - 20。

表 5 - 20　不同行政区域耕层土壤全氮含量的分布特点　　单位：g/kg

县（市、区）	最大值	最小值	平均值
迁西县	1.85	0.81	1.69
玉田县	1.85	0.71	1.19
丰润区	1.79	0.38	1.17
乐亭县	1.43	0.87	1.15
滦南县	2.10	0.43	1.10
古冶区	2.34	0.71	1.09

县（市、区）	最大值	最小值	平均值
唐海（曹妃甸）县	1.51	0.70	1.04
路北区	1.68	0.73	1.03
遵化市	1.46	0.73	1.03
汉沽农场	1.19	0.83	1.03
开平区	1.60	0.67	0.98
迁安市	1.25	0.76	0.93
路南区	1.12	0.69	0.86
丰南区	1.67	0.55	0.85
滦县	1.83	0.49	0.80

3. 有效磷含量

利用地力等级图对土壤有效磷含量栅格数据进行区域统计得知，全市 1 级地土壤有效磷含量平均为 29.1mg/kg，变化幅度为 3.47 ~ 84.54mg/kg。

利用行政区划图与地力等级图叠加联合形成行政区划地力等级综合图，对土壤有效磷含量栅格数据进行区域统计得知，1 级地中，土壤有效磷含量（平均值）最高的县（市、区）是路北区，最低的县（市、区）是唐海（曹妃甸）县，统计结果见表 5 - 21。

表 5 - 21 不同行政区域耕层土壤有效磷含量的分布特点　　　单位：mg/kg

县（市、区）	最大值	最小值	平均值
路北区	68.10	15.61	42.66
迁安市	47.99	26.50	39.00
遵化市	58.55	13.91	34.27
玉田县	84.54	3.47	33.82
滦南县	67.47	6.96	33.06
路南区	55.25	18.41	32.62
丰润区	60.60	9.08	31.85
滦县	60.72	11.61	30.45
汉沽农场	38.05	16.27	28.67
迁西县	34.51	24.72	28.50
丰南区	45.26	10.56	26.35
开平区	42.41	11.12	23.60
乐亭县	59.57	7.55	23.59

续表

县（市、区）	最大值	最小值	平均值
古冶区	46.25	7.85	21.83
唐海（曹妃甸）县	39.44	6.35	18.02

4. 速效钾含量

利用地力等级图对土壤速效钾含量栅格数据进行区域统计得知，全市 1 级地土壤速效钾含量平均为 153.7mg/kg，变化幅度为 54.28 ~ 492.10mg/kg。

利用行政区划图与地力等级图叠加联合形成行政区划地力等级综合图，对土壤速效钾含量栅格数据进行区域统计得知，1 级地中，土壤速效钾含量（平均值）最高的县（市、区）是汉沽农场，最低的县（市、区）是古冶区，统计结果见表 5-22。

表 5-22 不同行政区域耕层土壤速效钾含量的分布特点　　　　单位：mg/kg

县（市、区）	最大值	最小值	平均值
汉沽农场	418.99	321.49	351.68
丰南区	492.10	63.48	236.33
唐海（曹妃甸）县	315.76	118.30	232.41
滦南县	359.74	69.59	170.29
乐亭县	307.09	78.03	165.90
滦县	268.54	76.84	157.56
玉田县	313.04	72.18	144.61
路北区	262.21	62.09	134.96
迁安市	155.12	89.70	126.87
路南区	173.06	91.40	125.85
迁西县	114.35	103.68	111.10
开平区	187.96	62.69	105.89
丰润区	301.04	55.88	105.17
遵化市	221.95	54.28	103.43
古冶区	170.21	59.10	92.01

5. 有效铜含量

利用地力等级图对土壤有效铜含量栅格数据进行区域统计得知，全市 1 级地土壤有效铜含量平均为 1.6mg/kg，变化幅度为 0.49 ~ 9.90mg/kg。

利用行政区划图与地力等级图叠加联合形成行政区划地力等级综合图，对土壤有效铜含量栅格数据进行区域统计得知，1 级地中，土壤有效铜含量（平均值）最高的县

（市、区）是滦南县，最低的县（市、区）是开平区，统计结果见表 5 - 23。

表 5 - 23　不同行政区域耕层土壤有效铜含量的分布特点　　单位：mg/kg

县（市、区）	最大值	最小值	平均值
滦南县	5.20	1.00	2.66
路北区	9.90	0.81	2.38
汉沽农场	2.93	1.24	2.35
唐海（曹妃甸）县	4.29	1.21	2.19
遵化市	3.85	0.98	2.13
迁西县	2.10	1.81	2.02
丰润区	3.27	0.97	1.80
丰南区	3.58	0.66	1.76
玉田县	5.32	0.49	1.62
迁安市	2.38	0.63	1.51
滦县	2.48	0.86	1.47
路南区	2.81	0.65	1.37
古冶区	2.69	0.83	1.34
乐亭县	5.10	0.56	1.09
开平区	2.22	0.71	1.04

6. 有效铁含量

利用地力等级图对土壤有效铁含量栅格数据进行区域统计得知，全市 1 级地土壤有效铁含量平均为 24.4mg/kg，变化幅度为 3.64 ~ 95.36mg/kg。

利用行政区划图与地力等级图叠加联合形成行政区划地力等级综合图，对土壤有效铁含量栅格数据进行区域统计得知，1 级地中，土壤有效铁含量（平均值）最高的县（市、区）是滦县，最低的县（市、区）是古冶区，统计结果见表 5 - 24。

表 5 - 24　不同行政区域耕层土壤有效铁含量的分布特点　　单位：mg/kg

县（市、区）	最大值	最小值	平均值
滦县	30.38	29.10	87.32
遵化市	70.43	6.49	38.26
迁安市	40.96	9.97	26.83
玉田县	51.92	12.31	25.25
唐海（曹妃甸）县	28.57	12.15	21.08
滦南县	46.56	3.82	19.01

续表

县（市、区）	最大值	最小值	平均值
丰南区	46.77	3.64	18.01
路南区	32.42	8.39	17.00
丰润区	93.16	5.01	16.26
开平区	95.36	6.35	15.90
迁西县	17.33	13.99	15.51
汉沽农场	18.84	5.96	15.28
路北区	22.36	4.58	14.90
乐亭县	29.63	10.25	14.70
古冶区	72.82	8.71	14.13

7. 有效锰含量

利用地力等级图对土壤有效锰含量栅格数据进行区域统计得知，全市1级地土壤有效锰含量平均为17.6mg/kg，变化幅度为3.60~89.82mg/kg。

利用行政区划图与地力等级图叠加联合形成行政区划地力等级综合图，对土壤有效锰含量栅格数据进行区域统计得知，1级地中，土壤有效锰含量（平均值）最高的县（市、区）是遵化市，最低的县（市、区）是乐亭县，统计结果见表5-25。

表5-25　不同行政区域耕层土壤有效锰含量的分布特点　　单位：mg/kg

县（市、区）	最大值	最小值	平均值
遵化市	89.82	12.66	44.82
迁安市	53.88	12.52	34.68
滦县	34.12	16.01	29.33
滦南县	31.18	10.01	19.61
玉田县	49.34	5.86	19.29
路南区	27.61	11.06	18.57
迁西县	21.68	17.23	18.46
开平区	30.98	9.95	17.83
古冶区	27.28	6.83	14.70
丰南区	25.40	3.60	14.56
路北区	19.75	8.37	14.54
丰润区	44.43	6.92	14.32
唐海（曹妃甸）县	22.88	9.00	12.99

续表

县（市、区）	最大值	最小值	平均值
汉沽农场	13.97	5.80	11.72
乐亭县	26.27	7.49	10.68

8. 有效锌含量

利用地力等级图对土壤有效锌含量栅格数据进行区域统计得知，全市 1 级地土壤有效锌含量平均为 2.6mg/kg，变化幅度为 0.38 ~ 18.51mg/kg。

利用行政区划图与地力等级图叠加联合形成行政区划地力等级综合图，对土壤有效锌含量栅格数据进行区域统计得知，1 级地中，土壤有效锌含量（平均值）最高的县（市、区）是路北区，最低的县（市、区）是汉沽农场，统计结果见表 5 – 26。

表 5 – 26　不同行政区域耕层土壤有效锌含量的分布特点　　单位：mg/kg

县（市、区）	最大值	最小值	平均值
路北区	9.33	1.45	4.70
滦县	10.76	1.94	4.15
滦南县	5.12	1.78	3.55
古冶区	7.65	1.71	3.45
迁安市	4.50	1.37	3.29
开平区	6.20	1.42	3.03
路南区	5.50	1.51	2.99
丰润区	18.51	1.13	2.91
遵化市	4.30	0.80	2.63
迁西县	2.48	2.08	2.42
玉田县	9.08	0.38	2.23
唐海（曹妃甸）县	4.48	1.06	2.18
乐亭县	5.04	1.01	2.04
丰南区	4.74	0.73	1.90
汉沽农场	2.38	1.12	1.67

二、2 级地

（一）面积与分布

将耕地地力等级分布图与行政区划图进行叠加分析，从耕地地力等级行政区域分布数据库中按权属字段检索出各等级的记录，统计各级地在各县（市、区）的分布状况。

全市 2 级地，综合评价指数为 0.94992~0.90001，耕地面积 1936440.0 亩，占耕地总面积的 23.5%；分析结果见表 5 – 27。

表 5 – 27　不同行政区域耕地地力 2 级地的分布特点

县（市、区）	面积/亩	占本级耕地（%）
丰润区	436725.6	22.6
遵化市	384110.5	19.8
滦南县	252573.4	13.0
丰南区	146775.7	7.6
乐亭县	134820.1	7.0
芦台农场	110740.2	5.7
迁安市	103977.1	5.4
唐海（曹妃甸）县	82437.9	4.3
开平区	78455.6	4.1
滦县	74525.1	3.8
玉田县	68105.3	3.5
古冶区	29590.5	1.5
迁西县	19414.1	1.0
汉沽农场	9845.9	0.5
路南区	2689.5	0.1
路北区	1653.5	0.1

（二）主要属性分析

1. 有机质含量

利用地力等级图对土壤有机质含量栅格数据进行区域统计得知，全市 2 级地土壤有机质含量平均为 16.5g/kg，变化幅度为 1.93~34.45g/kg。

利用行政区划图与地力等级图叠加联合形成行政区划地力等级综合图，对土壤有机质含量栅格数据进行区域统计得知，2 级地中，土壤有机质含量（平均值）最高的县（市、区）是古冶区，最低的县（市、区）是滦县，统计结果见表 5 – 28。

表 5 – 28　不同行政区域耕层土壤有机质含量的分布特点　　单位：g/kg

县（市、区）	最大值	最小值	平均值
古冶区	34.45	14.96	25.42
路北区	23.43	17.69	20.74
开平区	26.36	8.37	20.50

续表

县（市、区）	最大值	最小值	平均值
乐亭县	25.41	13.93	20.41
路南区	23.65	12.46	20.07
汉沽农场	24.62	12.74	19.00
唐海（曹妃甸）县	23.84	1.93	17.57
芦台农场	22.48	14.00	17.39
滦南县	24.19	3.99	16.65
丰润区	24.84	7.84	15.53
遵化市	23.68	10.32	15.38
迁西县	24.15	8.71	14.83
丰南区	24.64	5.25	14.72
玉田县	25.59	9.28	14.38
迁安市	23.79	7.08	13.85
滦县	28.20	5.70	13.85

2. 全氮含量

利用地力等级图对土壤全氮含量栅格数据进行区域统计得知，全市 2 级地土壤全氮含量平均为 1.0g/kg，变化幅度为 0.17 ~ 2.26g/kg。

利用行政区划图与地力等级图叠加联合形成行政区划地力等级综合图，对土壤全氮含量栅格数据进行区域统计得知，2 级地中，土壤全氮含量（平均值）最高的县（市、区）是乐亭县，最低的县（市、区）是滦县，统计结果见表 5 - 29。

表 5 - 29　不同行政区域耕层土壤全氮含量的分布特点　　　单位：g/kg

县（市、区）	最大值	最小值	平均值
乐亭县	1.36	0.75	1.07
古冶区	2.11	0.56	1.03
路北区	1.17	0.91	1.03
唐海（曹妃甸）县	2.22	0.49	1.02
汉沽农场	1.18	0.78	1.01
芦台农场	1.61	0.73	1.00
丰润区	1.74	0.17	1.00
开平区	1.55	0.56	0.99
玉田县	1.60	0.69	0.99

县（市、区）	最大值	最小值	平均值
路南区	1.11	0.71	0.98
滦南县	2.26	0.43	0.96
遵化市	1.42	0.41	0.93
迁西县	1.61	0.47	0.90
丰南区	1.35	0.61	0.86
迁安市	1.32	0.44	0.85
滦县	1.71	0.34	0.78

3. 有效磷含量

利用地力等级图对土壤有效磷含量栅格数据进行区域统计得知，全市 2 级地土壤有效磷含量平均为 27.2mg/kg，变化幅度为 4.57~66.44mg/kg。

利用行政区划图与地力等级图叠加联合形成行政区划地力等级综合图，对土壤有效磷含量栅格数据进行区域统计得知，2 级地中，土壤有效磷含量（平均值）最高的县（市、区）是遵化市，最低的县（市、区）是芦台农场，统计结果见表 5-30。

表 5-30　不同行政区域耕层土壤有效磷含量的分布特点　　单位：mg/kg

县（市、区）	最大值	最小值	平均值
遵化市	58.63	12.23	33.35
迁西县	42.12	15.63	32.95
丰润区	64.91	10.59	31.34
滦南县	66.44	7.77	29.78
路北区	42.77	15.62	28.48
迁安市	57.64	10.58	27.86
路南区	49.71	19.35	27.45
滦县	58.05	11.61	26.92
开平区	56.11	11.12	26.31
古冶区	58.92	4.57	25.30
丰南区	55.57	5.78	24.69
玉田县	55.98	6.39	23.64
汉沽农场	31.19	9.02	19.73
乐亭县	50.31	7.62	18.84
唐海（曹妃甸）县	37.10	7.00	16.23
芦台农场	26.83	6.87	13.61

4. 速效钾含量

利用地力等级图对土壤速效钾含量栅格数据进行区域统计得知，全市 2 级地土壤速效钾含量平均为 141.6mg/kg，变化幅度为 36.96 ~ 530.60mg/kg。

利用行政区划图与地力等级图叠加联合形成行政区划地力等级综合图，对土壤速效钾含量栅格数据进行区域统计得知，2 级地中，土壤速效钾含量（平均值）最高的县（市、区）是汉沽农场，最低的县（市、区）是丰润区，统计结果见表 5 - 31。

表 5 - 31 不同行政区域耕层土壤速效钾含量的分布特点 单位：mg/kg

县（市、区）	最大值	最小值	平均值
汉沽农场	443.73	293.35	364.89
芦台农场	389.67	219.74	308.08
丰南区	530.60	64.98	297.80
唐海（曹妃甸）县	314.45	82.81	225.61
乐亭县	257.26	88.33	153.34
滦县	242.82	42.82	126.40
玉田县	242.87	55.54	120.54
路南区	154.44	92.66	118.85
滦南县	249.58	49.57	111.52
迁西县	177.08	68.54	102.00
路北区	159.40	76.10	101.17
开平区	158.52	57.21	99.59
迁安市	144.83	53.64	95.93
古冶区	171.89	42.91	92.57
遵化市	207.38	49.31	84.63
丰润区	164.08	36.96	76.50

5. 有效铜含量

利用地力等级图对土壤有效铜含量栅格数据进行区域统计得知，全市 2 级地土壤有效铜含量平均为 1.7mg/kg，变化幅度为 0.40 ~ 6.95mg/kg。

利用行政区划图与地力等级图叠加联合形成行政区划地力等级综合图，对土壤有效铜含量栅格数据进行区域统计得知，2 级地中，土壤有效铜含量（平均值）最高的县（市、区）是芦台农场，最低的县（市、区）是乐亭县，统计结果见表 5 - 32。

表 5 – 32　不同行政区域耕层土壤有效铜含量的分布特点　　单位：mg/kg

县（市、区）	最大值	最小值	平均值
芦台农场	4.55	1.74	2.80
遵化市	4.73	0.85	2.39
滦南县	5.42	0.97	2.15
汉沽农场	2.67	1.17	2.00
唐海（曹妃甸）县	4.07	0.63	1.94
古冶区	6.95	0.77	1.69
丰润区	5.89	0.74	1.57
迁西县	6.27	0.64	1.57
丰南区	4.03	0.52	1.43
迁安市	2.73	0.40	1.39
路北区	1.86	0.88	1.31
玉田县	3.15	0.50	1.24
滦县	2.65	0.43	1.15
路南区	2.46	0.66	1.10
开平区	2.23	0.67	1.07
乐亭县	3.81	0.58	0.95

6. 有效铁含量

利用地力等级图对土壤有效铁含量栅格数据进行区域统计得知，全市 2 级地土壤有效铁含量平均为 25.1mg/kg，变化幅度为 3.31～157.30mg/kg。

利用行政区划图与地力等级图叠加联合形成行政区划地力等级综合图，对土壤有效铁含量栅格数据进行区域统计得知，2 级地中，土壤有效铁含量（平均值）最高的县（市、区）是滦县，最低的县（市、区）是丰南区，统计结果见表 5 – 33。

表 5 – 33　不同行政区域耕层土壤有效铁含量的分布特点　　单位：mg/kg

县（市、区）	最大值	最小值	平均值
滦县	148.41	17.17	88.10
遵化市	157.30	6.49	49.43
玉田县	53.14	12.13	25.78
迁安市	51.73	9.91	22.32
滦南县	68.13	3.98	21.30
唐海（曹妃甸）县	34.91	12.23	20.04

县（市、区）	最大值	最小值	平均值
迁西县	30.14	7.76	20.00
芦台农场	26.46	14.17	19.09
古冶区	84.59	9.17	18.42
路南区	33.93	8.90	16.75
开平区	117.83	6.40	16.29
丰润区	93.74	5.00	16.11
汉沽农场	20.00	4.13	15.38
路北区	21.41	10.42	14.02
乐亭县	21.18	10.18	13.72
丰南区	43.51	3.31	12.76

7. 有效锰含量

利用地力等级图对土壤有效锰含量栅格数据进行区域统计得知，全市 2 级地土壤有效锰含量平均为 19.6mg/kg，变化幅度为 3.31～81.52mg/kg。

利用行政区划图与地力等级图叠加联合形成行政区划地力等级综合图，对土壤有效锰含量栅格数据进行区域统计得知，2 级地中，土壤有效锰含量（平均值）最高的县（市、区）是遵化市，最低的县（市、区）是乐亭县，统计结果见表 5 - 34。

表 5 - 34　不同行政区域耕层土壤有效锌锰含量的分布特点　　单位：mg/kg

县（市、区）	最大值	最小值	平均值
遵化市	81.52	12.44	40.87
滦县	35.32	7.30	28.08
迁安市	64.43	7.86	27.33
路南区	27.16	14.79	22.54
迁西县	32.94	13.07	20.58
玉田县	35.86	9.49	20.36
滦南县	32.71	10.42	18.85
开平区	32.93	8.80	16.75
路北区	17.69	13.61	16.05
丰润区	45.67	7.57	14.98
古冶区	29.45	4.68	13.10
唐海（曹妃甸）县	24.90	8.53	12.21

续表

县（市、区）	最大值	最小值	平均值
芦台农场	14.92	8.66	11.38
汉沽农场	12.55	4.93	10.21
丰南区	26.15	3.31	10.17
乐亭县	22.12	7.45	9.91

8. 有效锌含量

利用地力等级图对土壤有效锌含量栅格数据进行区域统计得知，全市 2 级地土壤有效锌含量平均为 2.5mg/kg，变化幅度为 0.32 ~ 8.58mg/kg。

利用行政区划图与地力等级图叠加联合形成行政区划地力等级综合图，对土壤有效锌含量栅格数据进行区域统计得知，2 级地中，土壤有效锌含量（平均值）最高的县（市、区）是路北区，最低的县（市、区）是芦台农场，统计结果见表 5 - 35。

表 5 - 35　不同行政区域耕层土壤有效锌含量的分布特点　　单位：mg/kg

县（市、区）	最大值	最小值	平均值
路北区	6.00	3.19	4.88
古冶区	8.58	1.07	3.98
滦南县	5.61	2.03	3.65
开平区	6.54	1.39	3.55
丰润区	7.23	1.17	3.06
滦县	6.59	1.13	3.04
路南区	5.50	1.41	2.72
遵化市	4.80	1.08	2.53
迁西县	4.35	1.35	2.45
迁安市	5.60	0.77	1.99
乐亭县	4.16	0.85	1.79
唐海（曹妃甸）县	3.81	0.48	1.76
汉沽农场	3.14	0.49	1.58
玉田县	7.96	0.49	1.49
丰南区	3.83	0.32	1.48
芦台农场	4.06	0.57	1.18

三、3级地

（一）面积与分布

将耕地地力等级分布图与行政区划图进行叠加分析，从耕地地力等级行政区域分布数据库中按权属字段检索出各等级的记录，统计各级地在各县（市、区）的分布状况。全市3级地，综合评价指数为0.89996～0.85001，耕地面积1679075.0亩，占耕地总面积的20.4%；分析结果见表5－36。

表5－36　不同行政区域耕地地力3级地的分布特点

县（市、区）	面积/亩	占本级耕地（%）
玉田县	482071.0	28.7
丰南区	300091.1	17.9
迁安市	236421.5	14.1
丰润区	215961.6	12.9
唐海（曹妃甸）县	166420.9	9.9
汉沽农场	86595.6	5.2
遵化市	64645.8	3.9
乐亭县	45709.1	2.6
滦南县	34254.8	2.0
滦县	16531.1	1.0
迁西县	15178.8	0.9
芦台农场	8987.5	0.5
开平区	3466.3	0.2
古冶区	2739.9	0.2

（二）主要属性分析

1. 有机质含量

利用地力等级图对土壤有机质含量栅格数据进行区域统计得知，全市3级地土壤有机质含量平均为17.8g/kg，变化幅度为1.25～32.11g/kg。

利用行政区划图与地力等级图叠加联合形成行政区划地力等级综合图，对土壤有机质含量栅格数据进行区域统计得知，3级地中，土壤有机质含量（平均值）最高的县（市、区）是开平区，最低的县（市、区）是迁安市，统计结果见表5－37。

表 5 – 37　不同行政区域耕层土壤有机质含量的分布特点　　　单位：g/kg

县（市、区）	最大值	最小值	平均值
开平区	26.20	16.04	22.08
古冶区	27.11	17.73	21.30
玉田县	32.11	11.35	20.68
汉沽农场	29.40	11.53	19.75
丰润区	27.71	8.87	18.24
乐亭县	24.33	13.50	18.19
丰南区	31.18	8.04	17.73
唐海（曹妃甸）县	25.94	1.25	17.13
芦台农场	17.83	14.85	16.27
滦南县	22.94	6.38	14.45
遵化市	21.32	10.34	14.24
迁西县	22.96	8.02	13.93
滦县	23.07	5.74	12.78
迁安市	23.07	6.09	11.09

2. 全氮含量

利用地力等级图对土壤全氮含量栅格数据进行区域统计得知，全市 3 级地土壤全氮含量平均为 1.0g/kg，变化幅度为 0.27 ~ 2.77g/kg。

利用行政区划图与地力等级图叠加联合形成行政区划地力等级综合图，对土壤全氮含量栅格数据进行区域统计得知，3 级地中，土壤全氮含量（平均值）最高的县（市、区）是玉田县，最低的县（市、区）是滦县，统计结果见表 5 – 38。

表 5 – 38　不同行政区域耕层土壤全氮含量的分布特点　　　单位：g/kg

县（市、区）	最大值	最小值	平均值
玉田县	1.82	0.64	1.24
丰润区	1.77	0.27	1.15
汉沽农场	1.34	0.78	1.04
开平区	1.21	0.75	1.03
乐亭县	1.31	0.92	1.02
唐海（曹妃甸）县	2.22	0.31	1.00
芦台农场	1.22	0.87	0.99
古冶区	1.19	0.73	0.97

县（市、区）	最大值	最小值	平均值
迁西县	2.77	0.36	0.89
遵化市	1.28	0.60	0.86
滦南县	1.56	0.43	0.85
丰南区	1.34	0.55	0.83
迁安市	1.29	0.43	0.71
滦县	1.16	0.40	0.69

3. 有效磷含量

利用地力等级图对土壤有效磷含量栅格数据进行区域统计得知，全市3级地土壤有效磷含量平均为22.4mg/kg，变化幅度为4.57～67.53mg/kg。

利用行政区划图与地力等级图叠加联合形成行政区划地力等级综合图，对土壤有效磷含量栅格数据进行区域统计得知，3级地中，土壤有效磷含量（平均值）最高的县（市、区）是迁西县，最低的县（市、区）是芦台农场，统计结果见表5-39。

表5-39　不同行政区域耕层土壤有效磷含量的分布特点　　单位：mg/kg

县（市、区）	最大值	最小值	平均值
迁西县	43.47	19.14	32.46
遵化市	47.61	11.86	27.82
迁安市	61.37	10.10	27.75
开平区	34.12	20.39	25.84
丰润区	53.05	9.02	25.73
滦县	53.04	12.32	22.86
汉沽农场	67.52	7.32	22.47
丰南区	67.53	7.25	21.92
滦南县	41.89	8.13	21.79
玉田县	61.94	4.82	21.31
乐亭县	34.92	8.85	20.12
唐海（曹妃甸）县	31.50	5.80	14.56
古冶区	32.94	4.57	13.96
芦台农场	17.99	8.46	11.39

4. 速效钾含量

利用地力等级图对土壤速效钾含量栅格数据进行区域统计得知，全市3级地土壤速效钾含量平均为 216.2mg/kg，变化幅度为 36.07 ~ 502.45mg/kg。

利用行政区划图与地力等级图叠加联合形成行政区划地力等级综合图，对土壤速效钾含量栅格数据进行区域统计得知，3 级地中，土壤速效钾含量（平均值）最高的县（市、区）是汉沽农场，最低的县（市、区）是迁安市，统计结果见表 5 - 40。

表 5 - 40　不同行政区域耕层土壤速效钾含量的分布特点　　单位：mg/kg

县（市、区）	最大值	最小值	平均值
汉沽农场	478.35	270.79	369.59
丰南区	502.45	38.98	334.89
芦台农场	335.68	248.85	290.07
唐海（曹妃甸）县	323.44	106.84	231.91
乐亭县	258.13	126.89	168.91
玉田县	306.14	83.94	164.58
滦南县	340.69	53.88	136.58
滦县	239.16	56.93	124.04
开平区	171.59	83.95	120.08
丰润区	284.85	37.94	117.90
古冶区	170.72	73.07	107.90
迁西县	194.41	57.13	98.71
遵化市	205.91	43.27	76.95
迁安市	162.36	36.07	73.41

5. 有效铜含量

利用地力等级图对土壤有效铜含量栅格数据进行区域统计得知，全市 3 级地土壤有效铜含量平均为 2.0mg/kg，变化幅度为 0.45 ~ 6.89mg/kg。

利用行政区划图与地力等级图叠加联合形成行政区划地力等级综合图，对土壤有效铜含量栅格数据进行区域统计得知，3 级地中，土壤有效铜含量（平均值）最高的县（市、区）是滦南县，最低的县（市、区）是滦县，统计结果见表 5 - 41。

表 5 - 41　不同行政区域耕层土壤有效铜含量的分布特点　　单位：mg/kg

县（市、区）	最大值	最小值	平均值
滦南县	5.35	0.61	2.56
芦台农场	2.94	1.88	2.54
遵化市	4.21	0.87	2.37
汉沽农场	3.85	1.17	2.34

县（市、区）	最大值	最小值	平均值
唐海（曹妃甸）县	4.45	1.17	2.23
丰南区	6.72	0.46	2.18
乐亭县	3.75	0.67	1.88
丰润区	3.35	0.81	1.80
玉田县	3.81	0.47	1.74
迁西县	6.89	0.57	1.62
古冶区	2.71	0.99	1.48
迁安市	3.86	0.46	1.39
开平区	2.19	0.91	1.36
滦县	2.24	0.45	0.95

6. 有效铁含量

利用地力等级图对土壤有效铁含量栅格数据进行区域统计得知，全市 3 级地土壤有效铁含量平均为 19.4mg/kg，变化幅度为 3.55 ~ 139.91mg/kg。

利用行政区划图与地力等级图叠加联合形成行政区划地力等级综合图，对土壤有效铁含量栅格数据进行区域统计得知，3 级地中，土壤有效铁含量（平均值）最高的县（市、区）是滦县，最低的县（市、区）是丰润区，统计结果见表 5 – 42。

表 5 – 42　不同行政区域耕层土壤有效铁含量的分布特点　　单位：mg/kg

县（市、区）	最大值	最小值	平均值
滦县	126.14	34.04	85.47
遵化市	139.91	7.76	51.04
玉田县	43.60	11.55	21.81
迁安市	52.65	5.48	21.36
唐海（曹妃甸）县	37.25	10.49	21.26
滦南县	65.94	7.13	20.37
迁西县	44.52	7.76	20.24
芦台农场	22.53	16.71	19.96
乐亭县	23.33	11.23	17.85
开平区	81.47	6.50	17.33
汉沽农场	21.74	4.99	16.34
古冶区	65.54	9.52	14.83

县（市、区）	最大值	最小值	平均值
丰南区	47.30	3.55	14.54
丰润区	97.73	5.24	12.13

7. 有效锰含量

利用地力等级图对土壤有效锰含量栅格数据进行区域统计得知，全市 3 级地土壤有效锰含量平均为 15.2mg/kg，变化幅度为 3.40 ~ 84.17mg/kg。

利用行政区划图与地力等级图叠加联合形成行政区划地力等级综合图，对土壤有效锰含量栅格数据进行区域统计得知，3 级地中，土壤有效锰含量（平均值）最高的县（市、区）是遵化市，最低的县（市、区）是汉沽农场，统计结果见表 5 – 43。

表 5 – 43　不同行政区域耕层土壤有效锰含量的分布特点　　单位：mg/kg

县（市、区）	最大值	最小值	平均值
遵化市	84.17	15.06	42.84
迁安市	74.74	7.18	35.38
滦县	33.90	13.05	28.78
迁西县	43.64	12.60	20.72
滦南县	28.69	11.02	18.72
开平区	28.28	10.70	15.25
唐海（曹妃甸）县	24.95	7.16	13.83
古冶区	24.59	10.29	13.48
玉田县	48.86	5.09	13.06
乐亭县	16.93	8.27	11.96
芦台农场	14.18	9.78	11.91
丰润区	33.32	5.40	11.76
丰南区	24.28	3.40	10.81
汉沽农场	14.20	5.01	10.12

8. 有效锌含量

利用地力等级图对土壤有效锌含量栅格数据进行区域统计得知，全市 3 级地土壤有效锌含量平均为 1.8mg/kg，变化幅度为 0.32 ~ 8.31mg/kg。

利用行政区划图与地力等级图叠加联合形成行政区划地力等级综合图，对土壤有效锌含量栅格数据进行区域统计得知，3 级地中，土壤有效锌含量（平均值）最高的县（市、区）是滦南县，最低的县（市、区）是芦台农场，统计结果见表 5 – 44。

表 5-44　不同行政区域耕层土壤有效锌含量的分布特点　　单位：mg/kg

县（市、区）	最大值	最小值	平均值
滦南县	5.13	0.96	3.32
古冶区	4.34	1.52	2.73
遵化市	4.74	1.21	2.69
滦县	5.56	1.18	2.54
迁西县	3.93	0.88	2.36
开平区	3.92	1.47	2.36
丰润区	7.88	0.51	2.18
乐亭县	3.15	1.25	2.15
唐海（曹妃甸）县	4.32	1.06	2.13
迁安市	8.31	0.68	1.64
汉沽农场	3.88	0.44	1.58
丰南区	5.05	0.32	1.55
玉田县	5.03	0.34	1.39
芦台农场	4.03	0.59	1.35

四、4 级地

（一）面积与分布

将耕地地力等级分布图与行政区划图进行叠加分析，从耕地地力等级行政区域分布数据库中按权属字段检索出各等级的记录，统计各级地在各县（市、区）的分布状况。全市 4 级地，综合评价指数为 0.84996 ~ 0.75007，耕地面积 1841291.1 亩，占耕地总面积的 22.4%；分析结果见表 5-45。

表 5-45　不同行政区域耕地地力 4 级地的分布特点

县（市、区）	面积/亩	占本级耕地（%）
滦南县	527780.1	28.7
滦县	277976.9	15.1
乐亭县	200406.1	10.9
迁安市	148689.1	8.1
丰南区	138466.0	7.5
丰润区	127406.4	6.9
遵化市	122881.4	6.7

续表

县（市、区）	面积/亩	占本级耕地（%）
迁西县	68871.3	3.7
古冶区	65474.0	3.6
玉田县	52613.3	2.9
唐海（曹妃甸）县	50556.5	2.7
开平区	49496.2	2.6
路北区	8429.5	0.5
汉沽农场	1538.1	0.1
芦台农场	647.3	0.0
路南区	58.8	0.0

（二）主要属性分析

1. 有机质含量

利用地力等级图对土壤有机质含量栅格数据进行区域统计得知，全市 4 级地土壤有机质含量平均为 14.7g/kg，变化幅度为 1.08 ~ 32.21g/kg。

利用行政区划图与地力等级图叠加联合形成行政区划地力等级综合图，对土壤有机质含量栅格数据进行区域统计得知，4 级地中，土壤有机质含量（平均值）最高的县（市、区）是路北区，最低的县（市、区）是迁安市，统计结果见表 5 - 46。

表 5 - 46　不同行政区域耕层土壤有机质含量的分布特点　单位：g/kg

县（市、区）	最大值	最小值	平均值
路北区	25.61	16.00	20.67
乐亭县	26.24	14.53	20.62
古冶区	32.21	9.00	20.17
开平区	27.09	11.08	19.58
路南区	22.64	16.61	17.66
玉田县	23.27	11.01	16.98
芦台农场	17.18	16.05	16.77
汉沽农场	18.21	13.78	15.86
丰润区	24.01	8.87	15.08
遵化市	22.68	10.48	14.94
迁西县	24.54	8.04	13.47
滦南县	24.01	4.57	12.93

县（市、区）	最大值	最小值	平均值
丰南区	23.71	4.87	12.91
滦县	28.28	5.20	12.87
唐海（曹妃甸）县	20.97	1.08	11.47
迁安市	23.80	5.87	11.04

2. 全氮含量

利用地力等级图对土壤全氮含量栅格数据进行区域统计得知，全市4级地土壤全氮含量平均为0.8g/kg，变化幅度为0.21~9.19g/kg。

利用行政区划图与地力等级图叠加联合形成行政区划地力等级综合图，对土壤全氮含量栅格数据进行区域统计得知，4级地中，土壤全氮含量（平均值）最高的县（市、区）是乐亭县，最低的县（市、区）是迁安市，统计结果见表5-47。

表5-47　不同行政区域耕层土壤全氮含量的分布特点　　　单位：g/kg

县（市、区）	最大值	最小值	平均值
乐亭县	1.36	0.74	1.15
玉田县	1.63	0.64	1.08
路北区	1.45	0.73	1.01
芦台农场	0.94	0.91	0.93
唐海（曹妃甸）县	2.23	0.52	0.92
丰润区	1.62	0.30	0.91
开平区	1.22	0.51	0.90
遵化市	1.35	0.58	0.90
汉沽农场	0.97	0.82	0.89
迁西县	4.22	0.37	0.86
古冶区	1.66	0.31	0.83
路南区	0.87	0.80	0.82
丰南区	1.78	0.56	0.81
滦南县	2.15	0.29	0.75
滦县	9.19	0.21	0.70
迁安市	1.32	0.41	0.69

3. 有效磷含量

利用地力等级图对土壤有效磷含量栅格数据进行区域统计得知，全市4级地土壤有效磷含量平均为 29.1mg/kg，变化幅度为 5.18～76.96mg/kg。

利用行政区划图与地力等级图叠加联合形成行政区划地力等级综合图，对土壤有效磷含量栅格数据进行区域统计得知，4 级地中，土壤有效磷含量（平均值）最高的县（市、区）是路北区，最低的县（市、区）是芦台农场，统计结果见表 5－48。

表 5－48　不同行政区域耕层土壤有效磷含量的分布特点　　单位：mg/kg

县（市、区）	最大值	最小值	平均值
路北区	67.56	22.41	48.78
路南区	39.79	38.65	39.00
玉田县	76.96	10.37	38.94
滦县	76.05	10.85	35.67
遵化市	58.21	10.70	32.68
迁西县	42.10	15.86	31.91
开平区	51.55	11.13	30.12
丰润区	58.36	8.46	30.07
迁安市	57.83	10.03	27.97
滦南县	59.93	5.50	27.72
丰南区	50.89	6.19	27.24
古冶区	58.67	5.18	26.64
乐亭县	52.59	9.20	21.93
汉沽农场	20.33	8.32	13.36
唐海（曹妃甸）县	37.08	6.35	11.94
芦台农场	12.52	10.03	11.09

4. 速效钾含量

利用地力等级图对土壤速效钾含量栅格数据进行区域统计得知，全市 4 级地土壤速效钾含量平均为 106.2mg/kg，变化幅度为 34.80～475.85mg/kg。

利用行政区划图与地力等级图叠加联合形成行政区划地力等级综合图，对土壤速效钾含量栅格数据进行区域统计得知，4 级地中，土壤速效钾含量（平均值）最高的县（市、区）是汉沽农场，最低的县（市、区）是迁安市，统计结果见表 5－49。

表 5－49　不同行政区域耕层土壤速效钾含量的分布特点　　单位：mg/kg

县（市、区）	最大值	最小值	平均值
汉沽农场	417.26	314.27	350.16
芦台农场	278.63	234.77	247.64

续表

县（市、区）	最大值	最小值	平均值
唐海（曹妃甸）县	313.43	74.99	244.00
乐亭县	262.03	87.76	157.77
路北区	213.75	72.97	147.61
玉田县	243.49	72.76	133.65
丰南区	475.85	34.80	120.62
滦县	224.79	36.30	105.94
路南区	120.00	92.82	98.01
迁西县	184.57	60.91	95.09
开平区	144.15	41.73	90.38
滦南县	215.90	41.81	88.71
遵化市	270.36	42.05	81.12
古冶区	206.21	36.75	78.03
丰润区	203.63	36.31	75.22
迁安市	183.26	39.86	74.86

5. 有效铜含量

利用地力等级图对土壤有效铜含量栅格数据进行区域统计得知，全市 4 级地土壤有效铜含量平均为 1.4mg/kg，变化幅度为 0.26~9.87mg/kg。

利用行政区划图与地力等级图叠加联合形成行政区划地力等级综合图，对土壤有效铜含量栅格数据进行区域统计得知，4 级地中，土壤有效铜含量（平均值）最高的县（市、区）是路南区，最低的县（市、区）是滦县，统计结果见表 5-50。

表 5-50　不同行政区域耕层土壤有效铜含量的分布特点　　单位：mg/kg

县（市、区）	最大值	最小值	平均值
路南区	2.48	2.29	2.44
路北区	9.87	0.82	2.43
遵化市	4.63	1.06	2.39
芦台农场	2.27	1.97	2.09
唐海（曹妃甸）县	3.84	1.20	2.00
汉沽农场	2.63	1.60	1.90
滦南县	4.39	0.32	1.62
迁西县	7.07	0.38	1.60

县（市、区）	最大值	最小值	平均值
玉田县	3.93	0.47	1.49
丰润区	3.33	0.76	1.36
古冶区	6.83	0.41	1.33
迁安市	5.97	0.39	1.30
开平区	3.82	0.58	1.08
丰南区	3.07	0.38	1.00
乐亭县	3.03	0.53	0.91
滦县	5.03	0.26	0.86

6. 有效铁含量

利用地力等级图对土壤有效铁含量栅格数据进行区域统计得知，全市 4 级地土壤有效铁含量平均为 27.5mg/kg，变化幅度为 3.32 ~ 143.75mg/kg。

利用行政区划图与地力等级图叠加联合形成行政区划地力等级综合图，对土壤有效铁含量栅格数据进行区域统计得知，4 级地中，土壤有效铁含量（平均值）最高的县（市、区）是滦县，最低的县（市、区）是乐亭县，统计结果见表 5 - 51。

表 5 - 51　不同行政区域耕层土壤有效铁含量的分布特点　　单位：mg/kg

县（市、区）	最大值	最小值	平均值
滦县	136.85	7.03	67.32
遵化市	143.75	6.86	46.73
玉田县	41.81	10.81	25.05
丰南区	42.85	3.32	22.56
古冶区	82.34	9.47	22.35
滦南县	71.60	4.88	21.86
迁西县	48.51	10.29	20.92
唐海（曹妃甸）县	27.54	11.84	20.09
路南区	20.27	19.26	19.35
迁安市	69.34	5.37	18.75
芦台农场	18.13	15.35	16.49
开平区	103.15	7.60	16.23
路北区	22.22	11.38	15.61
丰润区	90.67	5.60	15.23

县（市、区）	最大值	最小值	平均值
汉沽农场	18.03	12.65	15.02
乐亭县	18.42	8.89	13.76

7. 有效锰含量

利用地力等级图对土壤有效锰含量栅格数据进行区域统计得知，全市 4 级地土壤有效锰含量平均为 19.1mg/kg，变化幅度为 3.42 ~ 90.53mg/kg。

利用行政区划图与地力等级图叠加联合形成行政区划地力等级综合图，对土壤有效锰含量栅格数据进行区域统计得知，4 级地中，土壤有效锰含量（平均值）最高的县（市、区）是遵化市，最低的县（市、区）是乐亭县，统计结果见表 5 – 52。

表 5 – 52　不同行政区域耕层土壤有效锰含量的分布特点　　　单位：mg/kg

县（市、区）	最大值	最小值	平均值
遵化市	90.53	13.49	40.37
迁安市	68.90	7.06	31.95
滦南县	32.87	6.73	20.99
玉田县	47.18	8.48	19.94
迁西县	43.21	10.88	19.77
滦县	41.14	4.39	19.30
开平区	28.14	9.80	16.69
丰南区	26.72	3.42	16.28
路南区	16.37	15.79	15.92
路北区	17.69	11.02	15.01
丰润区	30.33	7.90	14.02
唐海（曹妃甸）县	24.44	7.37	12.08
古冶区	30.60	4.68	11.73
汉沽农场	12.17	10.01	11.33
芦台农场	11.43	10.48	11.04
乐亭县	20.83	7.75	9.98

8. 有效锌含量

利用地力等级图对土壤有效锌含量栅格数据进行区域统计得知，全市 4 级地土壤有效锌含量平均为 2.8mg/kg，变化幅度为 0.32 ~ 18.05mg/kg。

利用行政区划图与地力等级图叠加联合形成行政区划地力等级综合图，对土壤有效锌含量栅格数据进行区域统计得知，4级地中，土壤有效锌含量（平均值）最高的县（市、区）是路北区，最低的县（市、区）是芦台农场，统计结果见表5-53。

表5-53 不同行政区域耕层土壤有效锌含量的分布特点 单位：mg/kg

县（市、区）	最大值	最小值	平均值
路北区	9.33	2.82	5.34
路南区	5.38	4.41	5.26
开平区	6.15	1.15	3.65
丰润区	18.05	1.25	3.50
滦南县	6.52	0.80	3.46
滦县	12.26	0.84	3.15
古冶区	8.36	0.81	2.77
遵化市	4.71	1.22	2.69
迁西县	4.54	0.76	2.49
玉田县	7.02	0.64	2.07
乐亭县	3.51	0.90	1.81
迁安市	6.60	0.64	1.80
唐海（曹妃甸）县	3.71	0.92	1.59
丰南区	4.25	0.32	1.58
汉沽农场	1.61	0.44	0.88
芦台农场	0.83	0.61	0.69

五、5级地

（一）面积与分布

将耕地地力等级分布图与行政区划图进行叠加分析，从耕地地力等级行政区域分布数据库中按权属字段检索出各等级的记录，统计各级地在各县（市、区）的分布状况。全市5级地，综合评价指数为0.74999~0.70004，耕地面积669394.9亩，占耕地总面积的8.1%；分析结果见表5-54。

表5-54 不同行政区域耕地地力5级地的分布特点

县（市、区）	面积/亩	占本级耕地（%）
滦县	281676.5	42.1
滦南县	118928.1	17.8
迁安市	76556.2	11.4

县（市、区）	面积/亩	占本级耕地（%）
丰润区	50309.5	7.5
丰南区	49019.7	7.3
迁西县	46076.1	6.9
古冶区	21737.5	3.2
遵化市	15314.0	2.3
乐亭县	6982.7	1.1
玉田县	1711.7	0.3
开平区	837.9	0.1
唐海（曹妃甸）县	245.0	0.0

（二）主要属性分析

1. 有机质含量

利用地力等级图对土壤有机质含量栅格数据进行区域统计得知，全市 5 级地土壤有机质含量平均为 11.9g/kg，变化幅度为 3.75~30.27g/kg。

利用行政区划图与地力等级图叠加联合形成行政区划地力等级综合图，对土壤有机质含量栅格数据进行区域统计得知，5 级地中，土壤有机质含量（平均值）最高的县（市、区）是乐亭县，最低的县（市、区）是迁安市，统计结果见表 5 - 55。

表 5 - 55　不同行政区域耕层土壤有机质含量的分布特点　　　　单位：g/kg

县（市、区）	最大值	最小值	平均值
乐亭县	22.15	15.10	19.14
丰润区	24.01	10.77	17.43
古冶区	30.27	7.87	15.98
开平区	18.80	11.75	15.03
玉田县	20.10	11.30	14.78
遵化市	22.64	10.54	14.64
唐海（曹妃甸）县	18.06	11.24	13.74
迁西县	22.70	7.77	12.72
丰南区	23.01	3.75	12.41
滦南县	20.37	4.86	10.93
滦县	27.45	4.07	10.18
迁安市	15.91	5.33	10.08

2. 全氮含量

利用地力等级图对土壤全氮含量栅格数据进行区域统计得知，全市 5 级地土壤全氮含量平均为 0.7g/kg，变化幅度为 0.21~16.45g/kg。

利用行政区划图与地力等级图叠加联合形成行政区划地力等级综合图，对土壤全氮含量栅格数据进行区域统计得知，5 级地中，土壤全氮含量（平均值）最高的县（市、区）是乐亭县，最低的县（市、区）是滦县，统计结果见表 5-56。

表 5-56　不同行政区域耕层土壤全氮含量的分布特点　单位：g/kg

县（市、区）	最大值	最小值	平均值
乐亭县	1.01	1.01	1.01
丰润区	1.68	0.35	0.99
玉田县	1.31	0.81	0.97
迁西县	5.11	0.39	0.93
遵化市	1.35	0.64	0.89
丰南区	1.65	0.56	0.80
开平区	0.86	0.59	0.69
唐海（曹妃甸）县	0.74	0.49	0.69
迁安市	1.21	0.37	0.67
古冶区	1.66	0.27	0.67
滦南县	1.07	0.29	0.62
滦县	16.45	0.21	0.61

3. 有效磷含量

利用地力等级图对土壤有效磷含量栅格数据进行区域统计得知，全市 5 级地土壤有效磷含量平均为 30.2mg/kg，变化幅度为 7.28~69.43mg/kg。

利用行政区划图与地力等级图叠加联合形成行政区划地力等级综合图，对土壤有效磷含量栅格数据进行区域统计得知，5 级地中，土壤有效磷含量（平均值）最高的县（市、区）是玉田县，最低的县（市、区）是乐亭县，统计结果见表 5-57。

表 5-57　不同行政区域耕层土壤有效磷含量的分布特点　单位：mg/kg

县（市、区）	最大值	最小值	平均值
玉田县	60.47	14.85	33.95
滦县	69.43	8.84	32.41
丰润区	54.57	10.88	32.29
迁西县	41.28	17.96	31.26

县（市、区）	最大值	最小值	平均值
滦南县	61.15	13.53	30.70
开平区	36.27	18.89	28.25
唐海（曹妃甸）县	28.21	22.03	26.91
古冶区	51.78	9.24	26.45
遵化市	45.49	13.18	26.26
丰南区	41.14	10.39	25.68
迁安市	50.22	7.28	24.38
乐亭县	33.22	10.60	16.17

4. 速效钾含量

利用地力等级图对土壤速效钾含量栅格数据进行区域统计得知，全市 5 级地土壤速效钾含量平均为 91.1mg/kg，变化幅度为 33.76～475.59mg/kg。

利用行政区划图与地力等级图叠加联合形成行政区划地力等级综合图，对土壤速效钾含量栅格数据进行区域统计得知，5 级地中，土壤速效钾含量（平均值）最高的县（市、区）是乐亭县，最低的县（市、区）是迁安市，统计结果见表 5－58。

表 5－58　不同行政区域耕层土壤速效钾含量的分布特点　　单位：mg/kg

县（市、区）	最大值	最小值	平均值
乐亭县	258.75	92.87	169.05
玉田县	181.06	97.11	128.54
唐海（曹妃甸）县	112.17	80.02	107.52
丰南区	475.59	38.90	101.32
丰润区	255.37	48.94	99.62
迁西县	177.75	57.24	95.84
遵化市	268.44	41.45	90.66
滦县	217.84	33.76	90.29
滦南县	156.46	47.86	85.41
古冶区	205.06	43.03	76.00
开平区	92.30	45.72	71.19
迁安市	143.71	37.09	66.04

5. 有效铜含量

利用地力等级图对土壤有效铜含量栅格数据进行区域统计得知，全市 5 级地土壤有效铜含量平均为 1. 1mg/kg，变化幅度为 0. 21～5. 17mg/kg。

利用行政区划图与地力等级图叠加联合形成行政区划地力等级综合图，对土壤有效铜含量栅格数据进行区域统计得知，5 级地中，土壤有效铜含量（平均值）最高的县（市、区）是遵化市，最低的县（市、区）是滦县，统计结果见表 5－59。

表 5－59　不同行政区域耕层土壤有效铜含量的分布特点　　单位：mg/kg

县（市、区）	最大值	最小值	平均值
遵化市	4. 50	1. 31	2. 36
唐海（曹妃甸）县	2. 07	1. 72	1. 95
丰润区	2. 92	0. 66	1. 69
滦南县	4. 23	0. 39	1. 46
迁西县	3. 79	0. 38	1. 41
玉田县	3. 03	0. 80	1. 34
迁安市	2. 26	0. 51	1. 26
开平区	1. 19	0. 72	1. 04
乐亭县	1. 06	0. 61	0. 94
古冶区	5. 00	0. 31	0. 92
丰南区	2. 65	0. 46	0. 89
滦县	5. 17	0. 21	0. 67

6. 有效铁含量

利用地力等级图对土壤有效铁含量栅格数据进行区域统计得知，全市 5 级地土壤有效铁含量平均为 38. 6mg/kg，变化幅度为 4. 41～194. 01mg/kg。

利用行政区划图与地力等级图叠加联合形成行政区划地力等级综合图，对土壤有效铁含量栅格数据进行区域统计得知，5 级地中，土壤有效铁含量（平均值）最高的县（市、区）是滦县，最低的县（市、区）是唐海（曹妃甸）县，统计结果见表 5－60。

表 5－60　不同行政区域耕层土壤有效铁含量的分布特点　　单位：mg/kg

县（市、区）	最大值	最小值	平均值
滦县	135. 63	7. 52	64. 62
遵化市	137. 13	7. 78	55. 49
古冶区	80. 57	16. 49	28. 45
开平区	28. 87	17. 48	25. 08
丰南区	39. 94	4. 41	23. 84
玉田县	38. 27	14. 98	23. 42

县（市、区）	最大值	最小值	平均值
迁安市	120. 20	6. 83	23. 20
滦南县	51. 35	8. 41	22. 85
迁西县	42. 57	6. 99	21. 45
丰润区	194. 01	6. 85	17. 44
乐亭县	15. 27	11. 67	13. 64
唐海（曹妃甸）县	15. 95	11. 28	12. 58

7. 有效锰含量

利用地力等级图对土壤有效锰含量栅格数据进行区域统计得知，全市 5 级地土壤有效锰含量平均为 17.9mg/kg，变化幅度为 3.30～69.25mg/kg。

利用行政区划图与地力等级图叠加联合形成行政区划地力等级综合图，对土壤有效锰含量栅格数据进行区域统计得知，5 级地中，土壤有效锰含量（平均值）最高的县（市、区）是遵化市，最低的县（市、区）是乐亭县，统计结果见表 5－61。

表 5－61　不同行政区域耕层土壤有效锰含量的分布特点　　单位：mg/kg

县（市、区）	最大值	最小值	平均值
遵化市	66. 56	12. 55	37. 36
迁安市	69. 25	10. 03	30. 88
滦南县	32. 66	4. 44	21. 51
玉田县	40. 60	12. 58	20. 25
迁西县	42. 64	10. 16	19. 14
唐海（曹妃甸）县	18. 65	15. 39	16. 70
丰南区	25. 90	4. 10	15. 60
开平区	18. 79	12. 42	15. 44
丰润区	45. 13	5. 40	15. 13
滦县	34. 07	3. 30	15. 00
古冶区	30. 67	3. 56	10. 22
乐亭县	11. 37	8. 70	9. 61

8. 有效锌含量

利用地力等级图对土壤有效锌含量栅格数据进行区域统计得知，全市 5 级地土壤有效锌含量平均为 2.5mg/kg，变化幅度为 0.48～11.94mg/kg。

利用行政区划图与地力等级图叠加联合形成行政区划地力等级综合图，对土壤有效锌含量栅格数据进行区域统计得知，5 级地中，土壤有效锌含量（平均值）最高的县（市、区）是滦南县，最低的县（市、区）是丰南区，统计结果见表 5 - 62。

表 5 - 62　不同行政区域耕层土壤有效锌含量的分布特点　　单位：mg/kg

县（市、区）	最大值	最小值	平均值
滦南县	5.80	0.76	3.68
丰润区	7.88	0.51	3.15
唐海（曹妃甸）县	3.38	2.81	3.09
滦县	11.94	0.76	2.49
遵化市	3.95	1.40	2.48
迁西县	4.40	0.76	2.29
玉田县	8.25	0.91	2.13
开平区	3.14	1.72	2.13
古冶区	5.64	0.83	2.07
乐亭县	2.25	1.29	1.73
迁安市	6.47	0.66	1.54
丰南区	2.89	0.48	1.51

六、6 级地

（一）面积与分布

将耕地地力等级分布图与行政区划图进行叠加分析，从耕地地力等级行政区域分布数据库中按权属字段检索出各等级的记录，统计各级地在各县（市、区）的分布状况。全市 6 级地，综合评价指数为 0.69999 ~ 0.39102，耕地面积 289663.0 亩，占耕地总面积的 3.5%；分析结果见表 5 - 63。

表 5 - 63　不同行政区域耕地地力 6 级地的分布特点

县（市、区）	面积/亩	占本级耕地（%）
迁西县	128109.4	44.2
迁安市	78525.9	27.1
丰润区	25852.6	8.9
遵化市	21316.9	7.4
滦县	12456.3	4.3
古冶区	9855.5	3.4
滦南县	7667.9	2.6

续表

县（市、区）	面积/亩	占本级耕地（%）
开平区	3789.6	1.3
玉田县	1677.4	0.6
丰南区	332.5	0.2
乐亭县	79.0	0.0

（二）主要属性分析

1. 有机质含量

利用地力等级图对土壤有机质含量栅格数据进行区域统计得知，全市6级地土壤有机质含量平均为13.3g/kg，变化幅度为4.61~28.40g/kg。

利用行政区划图与地力等级图叠加联合形成行政区划地力等级综合图，对土壤有机质含量栅格数据进行区域统计得知，6级地中，土壤有机质含量（平均值）最高的县（市、区）是开平区，最低的县（市、区）是丰南区，统计结果见表5-64。

表5-64 不同行政区域耕层土壤有机质含量的分布特点   单位：g/kg

县（市、区）	最大值	最小值	平均值
开平区	26.98	15.56	23.06
古冶区	28.40	9.84	22.42
乐亭县	21.15	20.24	20.90
玉田县	21.68	12.67	18.28
遵化市	23.45	10.79	15.52
丰润区	24.14	7.86	15.42
滦县	22.31	6.35	13.15
迁西县	23.51	6.88	12.99
滦南县	16.76	4.61	10.52
迁安市	19.14	5.34	9.50
丰南区	12.26	5.91	7.80

2. 全氮含量

利用地力等级图对土壤全氮含量栅格数据进行区域统计得知，全市6级地土壤全氮含量平均为0.9g/kg，变化幅度为0.25~5.11g/kg。

利用行政区划图与地力等级图叠加联合形成行政区划地力等级综合图，对土壤全氮含量栅格数据进行区域统计得知，6级地中，土壤全氮含量（平均值）最高的县（市、区）是玉田县，最低的县（市、区）是迁安市，统计结果见表5-65。

表 5 - 65　不同行政区域耕层土壤全氮含量的分布特点　　　单位：g/kg

县（市、区）	最大值	最小值	平均值
玉田县	1.33	0.85	1.07
丰润区	1.61	0.36	0.99
迁西县	5.11	0.34	0.99
开平区	1.22	0.81	0.96
古冶区	1.33	0.55	0.94
遵化市	1.36	0.52	0.93
丰南区	0.82	0.70	0.78
滦县	1.22	0.25	0.68
滦南县	1.05	0.35	0.61
迁安市	1.21	0.34	0.59

3. 有效磷含量

利用地力等级图对土壤有效磷含量栅格数据进行区域统计得知，全市 6 级地土壤有效磷含量平均为 28.8mg/kg，变化幅度为 5.18 ~ 56.18mg/kg。

利用行政区划图与地力等级图叠加联合形成行政区划地力等级综合图，对土壤有效磷含量栅格数据进行区域统计得知，6 级地中，土壤有效磷含量（平均值）最高的县（市、区）是迁西县，最低的县（市、区）是古冶区，统计结果见表 5 - 66。

表 5 - 66　不同行政区域耕层土壤有效磷含量的分布特点　　　单位：mg/kg

县（市、区）	最大值	最小值	平均值
迁西县	44.30	16.50	31.03
遵化市	51.93	13.26	30.29
玉田县	42.34	14.85	26.50
丰南区	30.07	22.81	26.22
丰润区	48.16	11.32	25.98
滦县	56.18	10.57	23.34
迁安市	51.99	5.83	23.16
开平区	28.74	10.02	20.48
乐亭县	22.51	17.22	20.29
滦南县	35.71	8.84	19.96
古冶区	31.22	5.18	15.97

4. 速效钾含量

利用地力等级图对土壤速效钾含量栅格数据进行区域统计得知，全市6级地土壤速效钾含量平均为97.5mg/kg，变化幅度为29.29～278.55mg/kg。

利用行政区划图与地力等级图叠加联合形成行政区划地力等级综合图，对土壤速效钾含量栅格数据进行区域统计得知，6级地中，土壤速效钾含量（平均值）最高的县（市、区）是乐亭县，最低的县（市、区）是丰南区，统计结果见表5-67。

表5-67　不同行政区域耕层土壤速效钾含量的分布特点　　单位：mg/kg

县（市、区）	最大值	最小值	平均值
乐亭县	143.97	135.79	137.73
玉田县	164.53	94.20	135.58
滦县	224.31	29.29	122.12
开平区	155.86	78.48	111.94
古冶区	200.10	45.47	108.68
迁西县	203.06	59.30	101.59
遵化市	278.55	48.69	96.79
丰润区	165.68	37.03	92.54
迁安市	168.09	36.85	66.96
滦南县	96.50	45.50	65.12
丰南区	75.82	42.24	54.05

5. 有效铜含量

利用地力等级图对土壤有效铜含量栅格数据进行区域统计得知，全市6级地土壤有效铜含量平均为1.5mg/kg，变化幅度为0.36～7.07mg/kg。

利用行政区划图与地力等级图叠加联合形成行政区划地力等级综合图，对土壤有效铜含量栅格数据进行区域统计得知，6级地中，土壤有效铜含量（平均值）最高的县（市、区）是遵化市，最低的县（市、区）是丰南区，统计结果见表5-68。

表5-68　不同行政区域耕层土壤有效铜含量的分布特点　　单位：mg/kg

县（市、区）	最大值	最小值	平均值
遵化市	4.15	0.99	2.11
滦南县	4.06	0.54	1.60
迁西县	7.07	0.37	1.59
古冶区	2.78	0.87	1.42
丰润区	3.02	0.74	1.38

县（市、区）	最大值	最小值	平均值
玉田县	2.23	0.87	1.34
开平区	2.25	0.84	1.23
迁安市	2.77	0.47	1.12
滦县	2.26	0.41	0.91
乐亭县	0.85	0.78	0.82
丰南区	0.73	0.36	0.47

6. 有效铁含量

利用地力等级图对土壤有效铁含量栅格数据进行区域统计得知，全市 6 级地土壤有效铁含量平均为 23.6mg/kg，变化幅度为 4.34 ~ 137.13mg/kg。

利用行政区划图与地力等级图叠加联合形成行政区划地力等级综合图，对土壤有效铁含量栅格数据进行区域统计得知，6 级地中，土壤有效铁含量（平均值）最高的县（市、区）是滦县，最低的县（市、区）是丰润区，统计结果见表 5 - 69。

表 5 - 69　不同行政区域耕层土壤有效铁含量的分布特点　　　单位：mg/kg

县（市、区）	最大值	最小值	平均值
滦县	124.69	25.21	73.26
遵化市	137.13	8.55	44.59
滦南县	43.72	13.89	27.51
丰南区	26.60	22.67	24.76
迁西县	80.82	7.76	22.46
古冶区	80.57	8.29	21.73
玉田县	29.66	16.67	20.08
迁安市	63.34	4.34	16.84
乐亭县	14.99	14.86	14.93
开平区	79.55	6.29	14.03
丰润区	77.27	5.31	13.42

7. 有效锰含量

利用地力等级图对土壤有效锰含量栅格数据进行区域统计得知，全市 6 级地土壤有效锰含量平均为 20.3mg/kg，变化幅度为 7.82 ~ 70.96mg/kg。

利用行政区划图与地力等级图叠加联合形成行政区划地力等级综合图，对土壤有效锰含量栅格数据进行区域统计得知，6 级地中，土壤有效锰含量（平均值）最高的县

（市、区）是遵化市，最低的县（市、区）是乐亭县，统计结果见表5－70。

表5－70　不同行政区域耕层土壤有效锰含量的分布特点　　单位：mg/kg

县（市、区）	最大值	最小值	平均值
遵化市	70.96	14.60	39.54
迁安市	64.37	8.60	30.27
滦县	34.05	11.62	25.81
滦南县	26.56	9.71	19.45
迁西县	43.74	10.89	18.38
玉田县	28.76	12.73	15.87
古冶区	29.27	7.82	15.75
丰南区	15.62	13.00	13.67
丰润区	30.51	7.90	13.46
开平区	31.25	8.86	12.68
乐亭县	9.90	9.76	9.83

8. 有效锌含量

利用地力等级图对土壤有效锌含量栅格数据进行区域统计得知，全市6级地土壤有效锌含量平均为2.4mg/kg，变化幅度为0.51～16.16mg/kg。

利用行政区划图与地力等级图叠加联合形成行政区划地力等级综合图，对土壤有效锌含量栅格数据进行区域统计得知，6级地中，土壤有效锌含量（平均值）最高的县（市、区）是丰润区，最低的县（市、区）是丰南区，统计结果见表5－71。

表5－71　不同行政区域耕层土壤有效锌含量的分布特点　　单位：mg/kg

县（市、区）	最大值	最小值	平均值
丰润区	16.16	1.37	2.89
滦南县	3.81	1.13	2.86
古冶区	4.21	1.26	2.86
滦县	6.71	1.14	2.74
遵化市	3.99	1.21	2.61
迁西县	4.54	0.74	2.40
开平区	4.36	1.42	2.11
乐亭县	2.14	1.97	2.04
玉田县	2.85	0.94	1.78
迁安市	4.76	0.51	1.48
丰南区	1.17	0.62	0.89

第六章 中低产田类型及改良利用

第一节 中低产田的区域特点

根据本次地力评价结果，唐山市 1 级、2 级地 3759791.0 亩，占耕地总面积的 45.63%；3 级、4 级地 3520366.0 亩，占耕地总面积的 42.73%；5 级、6 级地 959057.9 亩，占耕地总面积的 11.64%（见表 6 - 1）。

表 6 - 1 耕地地力评价结果

等级	耕地面积/亩	占总耕地（%）
1~2	3759791.0	45.63
3~4	3520366.0	42.73
5~6	959057.9	11.64

5~6 级地在唐山市的分布情况如表 6 - 2 所示，其中滦县面积最大，为 294132.7 亩，占总面积的 30.7%，其次为迁西县面积为 174185.5 亩，占总面积的 18.2%，迁安市和滦南县的面积分别达到 155082.2 亩和 126596.0 亩，分别占 16.2% 和 13.2%。

表 6 - 2 5~6 级地行政区域分布特点

县（市、区）	面积/亩	占本级耕地（%）
滦县	294132.7	30.7
迁西县	174185.5	18.2
迁安市	155082.2	16.2
滦南县	126596.0	13.2
丰润区	76162.1	7.9
丰南区	49352.2	5.1
遵化市	36630.9	3.8
古冶区	31593.0	3.3
乐亭县	7061.7	0.7
开平区	4627.5	0.5

县（市、区）	面积/亩	占本级耕地（%）
玉田县	3389.1	0.4
唐海（曹妃甸）县	245.0	0.0

第二节　盐碱地与改良

一、面积与分布

唐山市盐碱耕地总面积 109.45 万亩，占耕地总面积的 12.9%。其中，轻度盐碱 81.10 万亩，占盐碱耕地的 74.1%，中度盐碱 16.88 万亩，占盐碱耕地的 15.4%，重度盐碱 10.98 万亩，占盐碱耕地的 10.5%。土壤类型主要是盐化潮土、盐渍型水稻土、滨海草甸盐土、盐化湿潮土和滨海盐土五类。

盐碱耕地主要分为滨海盐地和内陆低洼盐化耕地。滨海盐地主要分布在唐海（曹妃甸）县、乐亭县、滦南县、丰南区、芦台农场、汉沽农场等滨海县区，占盐碱耕地总面积的 89.1%，内陆低洼盐化耕地分布在玉田县南部低洼地区占盐碱耕地面积的 10.9%。盐碱耕地型土壤面积分布情况如表 6-3 所示。

表 6-3　盐碱耕地型土壤面积分布情况

县（市、区、场）	乡（镇）	盐碱地面积/万亩	占本县区耕地面积比例（%）	占全市盐碱耕地面积比例（%）
乐亭县	古河	3.70	29.17	27.4
	马头营	3.90		
	王滩镇	8.50		
	汤家河镇	5.40		
	姜各庄镇	8.50		
	小计	30.00		
玉田县	鸦鸿桥镇	4.65	11.46	10.9
	窝洛沽镇	5.06		
	石臼窝镇	0.36		
	潮洛窝镇	1.86		
	小计	11.93		

续表

县（市、区、场）	乡（镇）	盐碱地面积/万亩	占本县区耕地面积比例（%）	占全市盐碱耕地面积比例（%）
汉沽区	农业总公司	3.13	78.01	7.1
	汉丰镇	4.64		
	小计	7.77		
滦南县	坨里镇	2.37	10.24	9.5
	东黄坨镇	1.32		
	柏各庄镇	5.95		
	南堡镇	0.74		
	小计	10.38		
芦台农场	海北镇	6.56	93.85	10.3
	农业公司	4.74		
	小计	11.30		
丰南区	大新庄镇	1.50	12.14	8.9
	唐坊镇	1.00		
	王兰庄镇	1.50		
	柳树O镇	2.00		
	黑沿子镇	0.20		
	南孙庄乡	2.00		
	东田庄乡	1.00		
	尖字沽乡	0.50		
	小计	9.70		
唐海（曹妃甸）县	一农场	5.60	79.55	25.9
	唐海镇	3.70		
	三农场	1.86		
	四农场	1.77		
	五农场	3.46		
	六农场	0.86		
	七农场	2.36		
	八农场	0.51		
	九农场	0.20		
	十农场	4.05		
	十一农场	4.00		
	小计	28.37		

注：本盐碱地面积为 2011 年土肥系统调查统计数据。

二、盐碱耕地土壤盐分状况与变化

（一）滨海盐碱耕地土壤盐分的变化过程

滨海盐渍土是一种近代浅海沉积物，它是由河流的搬运作用与海水的顶托和浸渍作用以及洋流、潮汐、海浪等因素共同作用下形成的。在成土过程中，土壤中含有可溶性盐分达 0.4% ~3% 。

1. 自然因素作用下的变化

在自然因素作用下，由于水下沉积体的逐渐升高，大气降水的淋洗，使土体逐渐脱盐，于是耐盐植物便逐渐繁殖，这就增加了土面的覆盖，从而减少水分的蒸发和土壤的返盐。随着植物耐盐程度的强弱，依次出现海枣、黄须、黄蒿等。在沼泽低湿地带，芦苇、蒲草逐渐繁殖起来。

随着植物群落的更替，在自然因素的作用下，土壤相应地由滨海盐土向滨海草甸盐土演变。这一演变过程是相当缓慢的。

2. 人为因素作用下的变化

盐渍土壤在人为因素的影响下，使演变过程大大地加快。以唐海（曹妃甸）县典型滨海盐土区域为例，自 1956 年修筑海档，挡住了海水侵袭，修建了完整的灌排渠系，引水种稻或蓄水植苇，边利用边改良，使滨海盐土、滨海草甸盐土、沼泽草甸盐土改良为高产的滨海盐渍化水稻土。土壤的含盐量降到了水稻生长的临界值以下，浅层地下水矿化度也有所下降。随着土壤耕种时间的加长，耕地土壤的含盐量还在进一步下降。

（二）滨海盐碱耕地土壤盐分现状

1. 土壤盐渍化程度的分级

就全国而言，华北地区当耕层土壤的含盐量大于 0.6% 时，就可称为盐土，小于 0.6% 时，称为盐渍化土壤。唐海（曹妃甸）县由于地下水位高，地下水对土壤盐分动态有直接的影响。所以在定盐渍化标准时，必须把土壤含盐量和地下水矿化度，地下水埋深三个因素一并考虑，以下是唐海（曹妃甸）县土壤盐化程度分级如表 6 - 4 所示。

表 6 - 4 中水稻土和潮土的盐渍化分级指标不同，这是由于潮土区地势比较高，地下水对盐渍化的影响相对来说较小，同时水稻土区和潮土区由于农业种植措施也不同。所以，在分级时，水稻土采用了一米土体的含盐量，而潮土区则采用了耕层的含盐量。

表 6 - 4　土壤盐化程度分级

地下水矿化度/（g/L）	水稻土盐化分级				潮土盐化分级			
	0 ~100cm 土体含盐量（%）				0 ~20 耕层含盐量（%）			
	< 0.15	0.15 ~ 0.25	0.25 ~ 0.4	> 0.4	< 0.1	0.1 ~ 0.25	0.25 ~ 0.4	> 0.4
< 2	弱	轻	中	重	非	轻	中	重
2 ~ 4	轻	轻	中	重	非	轻	中	重

地下水矿化度/(g/L)	水稻土盐化分级				潮土盐化分级			
	0～100cm 土体含盐量（%）				0～20 耕层含盐量（%）			
	<0.15	0.15～0.25	0.25～0.4	>0.4	<0.1	0.1～0.25	0.25～0.4	>0.4
4～10	轻	中	中	重	轻	轻	中	重
10～30	中	中	重	重	中	中	中	重
>30	重	重	重	重	重	重	重	重

2. 滨海土壤盐渍化程度与地理位置的关系

土壤含盐量受到地下水和矿化度的直接影响，而地下水和矿化度则主要受地貌类型的影响。因此，总体来看，唐山市东南部沿海区域土壤盐分的分布是随各大、中地貌单元的变化而不同的，地貌条件包含地形高低和距海远近两个主要因素。

在北部，离海远，海拔在 4.5m 以上的冲积平原区，绝大多数土壤无盐渍化的威胁，地下水位在返盐季节一般低于临界深度（壤土为 2～2.5m），水质全淡，没有咸水层。只有少数洼地地下水位浅，矿化度也高。这一部分主要分布于八农场北部、六农场中、北部和九农场北部。离海稍近一些，海拔在 3.5～4.5m 的泻湖沉积滨海平原区和海拔在 3.5～4.0m 的滨海平原区，脱盐过程都较强。目前非盐渍土，轻盐渍土已占绝大多数，中、重度盐渍土极少，属于盐渍化威胁较小的区域。这一部分主要分布在八农场的中部、南部，十场的西部和九农场的中部、南部。离海近的滨海平原区，海拔多为 2.5～3.5m，地下水位高，地下水矿化度高，垂直排水和水平排水都不畅，所以土壤含盐量较高，多为中、重度盐渍土，受土壤盐渍化威胁比较大。这部分包含了一农场、唐海（曹妃甸）县、三农场、四农场、五农场、七农场、十一农场的全部，六农场南部和十农场的中、东部。

3. 土壤盐渍化程度与地下水埋深和矿化度的关系

在旱田地土壤中，一般当地下水位埋深大于 1.5m 时，90% 以上的耕层土壤为含盐量 <0.15%，基本属于非盐渍土，而埋深小于 1.5m 时，只有 60%～70% 的耕层土壤含盐量 <0.15%。同时，当地下水埋深大于 1.5m 时，地下水矿化度对土壤盐渍化影响较小，当地下水埋深小于 1.5m 时，地下水矿化度与耕层返盐有很大的关系。地下水矿化度越高，耕层土壤盐渍化程度也越高。在各级矿化度中，基本上 10g/L 是个界级，小于 10g/L 时，土壤多为非盐渍化土，大于 10g/L 时，基本上土壤含盐量在 0.15% 以上。

在水田土壤中与旱田土壤有所不同。在正常年份，由于生长季节地面经常淹水，不会造成土壤积盐，同时在地下咸水体以上可以形成一个薄的淡水层，使得在返盐季节消耗这一蓄积的淡水层，不会造成土壤较大的返盐。但由于水田地下水位高，当蓄积的淡水层耗尽，或者非正常年份没有形成淡水层（如灌溉高矿化度水，干旱等），在返盐季节（秋、春）土壤将出现较严重的返盐，其地下水埋深基本以 1.5m 为界，矿化度以 10g/L 为界级。

（三） 内陆低洼盐化耕地现状

唐山市内陆低洼盐化耕地面积 11.93 万亩，主要分布在玉田县鸦鸿桥、窝洛沽、石臼窝、潮洛窝等乡镇部分地区。地下水埋深 2～6m，含盐量一般低于 0.30%，为轻度盐化。其中：①轻壤质轻度盐化潮土，主要分布在鸦鸿桥、窝洛沽、潮洛窝等乡镇沿还乡河两岸。地下水位 2～6m，土壤通体以轻壤为主，由于质地轻，通气良好，有机质分解的多，积累的少，故耕层有机质偏低。盐分种类为硫酸盐和氯化物——硫酸盐。表层可见轻微盐，旱季土壤全盐 0.20% 左右，宜种棉花。②轻壤质中度盐化潮土，主要分布鸦鸿桥镇车庄子、姚八庄、张庄子、窝洛沽镇起家营一带。表土可见明显盐霜。适种棉花等耐盐作物。③中壤质轻度盐化潮土，主要分部在鸦鸿桥镇刘现庄、五星渠、朱廖庄，窝洛沽镇吕绪庄南至孙庄子一带，表层质地中壤，表层可见轻微盐霜。④中壤质中度盐化潮土，主要分布在窝洛沽镇刘钦庄及潮洛窝乡王木庄一带，表层可见明显盐霜。⑤重壤质中度盐化潮土，主要分布在石臼窝镇石臼窝东部沿双城河一带。表土质地黏重。耕性差，可见明显盐霜，宜水洗改盐发展水稻。⑥体砂姜重壤质轻度盐化潮土，主要分布在石臼窝镇中和庄西南一带。表土质地黏重。耕性不良，土体中 0～50cm 出现砂姜，障碍作物根系生长，且表土中旱季含盐量 0.20% 左右，影响作物出苗，宜种水稻或发展芦苇。

三、土壤盐分对作物的危害

（一） 土壤可溶盐分组成对作物的不同影响

盐渍土中可溶性盐主要是由 Cl^-、SO_4^{2-}、CO_3^{2-}、HCO_3^- 等阴离子和 Na^+、K^+、Ca^{2+}、Mg^{2+} 等阳离子所组成的各种盐类。滨海盐渍土最主要的盐类为氯化钠、硫酸钠、碳酸氢钠和碳酸钠。不同的盐类对作物的危害作用是不同的，一般常见的盐类对作物的危害大小的顺序是：氯化镁＞碳酸钠＞碳酸氢钠＞氯化钠＞氯化钙＞硫酸镁＞硫酸钠。有关专家根据研究结果拟定了下列比例关系，来表示不同钠盐对作物危害的大小。即：$Na_2CO_3 : NaHCO_3 : NaCl : Na_2SO_4 = 10 : 3 : 3 : 1$。

在唐海（曹妃甸）县，占全县绝大部分的滨海平原地区的盐分组成为 $Cl^- - Na^+$ 型，即以 NaCl 盐为主，在八农场南部为 $Cl^- \cdot SO_4^{2-} - Na^+ \cdot Ca^{2+}$ 型。六、八、九农场北部冲积平原为 $SO_4^{2-} Cl^- - Na^+ \cdot Ca^{2+}$ 型。这就是说，在唐海（曹妃甸）县土壤中所含的盐分组成中对作物的危害属于中等。

（二） 土壤盐分危害机理

土壤盐分危害作物的原因，根据国内外研究报道，大致有下述几种理论。

1. 渗透抑制论

该理论认为土壤盐分主要以高渗透压影响作物吸水和体内水分平衡，危害作物生长。

2. 矿质营养失调论

该理论认为由于土壤盐分浓度增大，使作物体内正常的离子平衡遭受破坏，造成作物生长衰退。

3. 离子毒害论

该理论认为盐分中的离子在植物体内的过量累积，引起各种中毒症状。

4. 氮素代谢影响论

该理论认为土壤盐分过多可促使作物氮代谢过程减弱，使氮在作物体内积累过多，从而造成氨中毒。

一般认为土壤盐分对作物的影响是多方面的，有时上述几种因素可能同时存在。因此，应综合考虑其影响。

对于作物来说，当土壤含盐量高时，土壤溶液的渗透压增大，抵消了根部的渗透能力，水分则不能被根部所吸收。如果土壤溶液渗透压大于作物根细胞的渗透压时，则作物不但不能从土壤中吸收水分，作物体内的水分反而会被吸出，以致枯萎死亡。这种现象在植物生理学上称为"生理干旱"。由于根部不能很好地吸收水分，土壤中靠质流进入根部的养分离子则不能进入，也会导致作物的生理缺素，引起生长发育受阻。

四、主要障碍因素

（一）土壤含盐量高

唐海（曹妃甸）县地处滨海盐渍土地区，绝大部分为盐渍化水稻土，虽经几年的种植改良，土壤含盐量有所下降，但盐渍化仍然是制约农业生产的主要因素。

（二）土壤营养元素不平衡

土壤养分分布特点是有机质含量低，土壤有效磷较低、土壤速效钾较高。在施肥上氮肥用量较高、有机肥用量低，土壤养分不平衡。

（三）排水不畅，排盐能力差

该类型耕地地势低洼，排水不畅。近年来，在加大了农业基础建设、兴修农田水利工程、组织撂荒地复垦、兴建小型平原水库方面取得了一定成效。但是在保持清淤、完善基础建设方面还有待进一步提高。

（四）淡水资源短缺

用于农业生产的淡水资源短缺，不能满足排盐、洗盐和生产用水需求，造成土壤返盐。

（五）内陆低洼盐化土壤

地势低洼，地下水位高，土壤含盐量一般低于 0.30%，为轻度盐化。主要分布在鸦鸿桥、窝洛沽部分地区，表土质地一般为轻壤。由于质地轻，通气良好，有机质分解多、积累少，故耕层有机质偏低。在石臼窝东部沿双城河一带，及孟大庄一带，表土质地黏重，耕性差，影响作物出苗及根系生长。该类型盐化土壤养分含量较低，障碍作物根系生长，一般缺苗现象较重。

五、改良利用措施

（一）排盐

修缮灌排水渠道，特别是通过深挖排斗、排农、排毛，保持系统的排水渠系畅通，利用垂直渗漏和侧渗，排出土壤中的盐分。

（二）灌水压盐洗盐

根据"盐随水来，盐随水去"的规律，实施冬季大田灌水措施，充分利用冬、春季径流水进行大水泡田。一方面，大水泡田由于地面有水层，使土壤盐分不能上移，达到压盐的效果；另一方面，水层下渗，达到淋洗盐碱的作用。在一定程度上降低了盐碱对农作物的危害。

（三）种植水稻

在水源充足的盐碱地种水稻也是一项有效的改良措施，因为种植水稻后。通过长时间淹灌和排水，土壤中的盐分就可以被淋洗和排出。在盐碱地种植水稻，必须通过拉荒泡田，使土壤含盐量降到水稻苗期耐盐临界值以下。水稻种植成功带来了一系列的经济效益和环境效益，极大地改善了当地农业生产环境，实现了人地和谐发展。

（四）实施秸秆还田

在有机肥资源不足的现实下，结合推广水稻机收割，实施农作物秸秆还田，达到增加土壤有机质含量，改善土壤结构，提高土壤通透性，提高改良盐碱地的效果。

（五）植树造林

大力植树造林也可调节气候，减少旱涝灾害，对于抑制土壤的盐渍化起着很好的作用。

第三节 沙土改良型

一、面积与分布

土壤的物理性状是影响耕地地力，协调土壤水、肥、气、热的重要因素，同时对土壤养分转化、释放和供应起着重要作用。土壤质地是反映土壤物理性状的重要指标。唐山市土壤质地具有东沙（壤）西黏（包括中壤、重壤、黏土）的特点。不同质地耕地面积如表 6-5 所示。

表 6-5 唐山市耕地土壤质地状况

质地	面积/亩	比例（%）
沙质	1219241.0	7.9
沙壤*	4829046.2	31.2
轻壤	3397987.8	22.0
中壤	3505129.0	22.7
重壤	2511469.7	16.2

*未包括粗骨土、石质土。

沙质及沙壤质土壤在唐山市的主要分布情况如表 6-6 所示，沙质主要分布在唐山市东部，主要分布在滦河河道两侧；沙壤主要分布在本市东南和东北部，主要分布在滦南县、迁西县和乐亭县。

表 6 – 6　唐山市主要沙质、沙壤质土壤分布特点

土壤质地	县（市）	面积/亩	占同类土壤面积的比例（%）
沙质	滦县	382748	31.4
	迁安市	221572	18.2
	滦南县	207657	17.0
沙壤	滦南县	1229127	25.5
	迁西县	1078008	22.3
	乐亭县	565867	11.7

二、主要障碍因素

沙质和沙壤质土壤以物理砂粒为主，颗粒大，空气空隙多而持水空隙少，土壤中各种养分释放大于积累，保水保肥性差，其土壤养分含量低。如沙质土，包括洪冲积物淋溶褐土、沙质潮褐土，冲积物沙质潮土和沙质脱潮土，都有保水保肥性最低之弊。洪冲积物沙壤质石灰性褐土和淋溶褐土，由于质地偏沙，耕性好，但保水保肥性差，易旱，发小苗不发老苗，作物生长后期往往脱肥而减产。同样对于洪冲积物沙壤质潮褐土，沙壤质潮土、沙壤质脱潮土和沙壤质淹育型水稻土，虽水分条件稍好，其潜在肥力和有效肥力也不高，故其生产性能也不太好。特别是沙壤质中盐化潮土和重盐化潮土，既有较重盐害，又质地较粗，生产性能亦很差。

三、改良利用措施

改良含沙量高土体最为有效的方法就是客土改造。耕层含沙量高，可采取四泥六沙的土质比例进行改造；土体下层含沙量高的漏水漏肥耕地可采用好土替换下部沙土的办法进行改造，替换厚度一般为 50cm 为宜。

增施有机肥，提高土壤肥力是改良沙地重要措施。该地区适宜发展林业，开发果园，种植花生、豆类等果油品种。

第四节　瘠薄改良型

一、分布与特点

该类型多分布在低山丘陵区，主要土壤类型为淋溶褐土、褐土性土、粗骨土等。主要分布迁西县、迁安市、遵化市、滦县等北部山区。土壤母质多为残坡积物，主要问题耕层薄，砾石含量高，土壤有机质等养分含量低，水土流失严重。加之管理粗放，林、

牧生产性能极低。比如棕壤性土亚类和褐土性土亚类，土层薄、砾石多，且跑水跑肥，水土流失严重，不仅自然肥力和潜在肥力低，而且人为肥力和有效肥力也低。

二、主要障碍因素及存在问题

第一，土壤粗骨、养分含量低、保水肥能力差。

第二，土层薄、水土流失严重。

第三，干旱缺水：由于本区域多为雨养农业，而雨量不同季节分布不平衡，唐山地区降水多集中在 7~8 月，北部地区地下水位偏低，土壤保水保肥性差，致使作物生长极易受到干旱的威胁。

三、改良利用措施

对于已具备一定灌溉条件的地块，大力推广水肥一体化等节水技术，充分利用有限的水资源，努力提高灌溉水平，提高农田灌水的保证率。

没有灌溉条件的地块，开发水资源，兴修水利，增加配套打井数量，持续利用地下水。北部山区要大力发展集水设施，增加水窖储水量，发展节水农业。南部地区，要疏浚沟渠，引水灌溉，高效利用地上水资源。

因地制宜，增施有机肥，培肥土壤，采取深耕深松技术提高土壤保水保肥能力。

平整土地，加强农田防护林带等田间工程的建设，改善生产条件，提高土壤质量。

提倡种树以保持水土。

第七章 耕地地力与配方施肥

第一节 耕地养分状况

一、耕地土壤养分变化状况

唐山市耕地土壤养分变化如表 7-1 所示。结果表明：土壤有机质、全氮、有效磷、速效钾、有效铜、有效铁、有效锰、有效锌平均含量分别为：16.17g/kg、0.92g/kg、26.91mg/kg、141.22mg/kg、1.63mg/kg、25.88mg/kg、19.61mg/kg、2.40mg/kg。与1982 年第二次土壤普查比较，土壤有机质、全氮、有效磷、速效钾、有效铁、有效锰、有效锌含量分别提高 3.87g/kg、0.19g/kg、20.91mg/kg、25.22mg/kg、2.77mg/kg、7.44mg/kg、2.05mg/kg，有效铜含量降低 0.91mg/kg。

表 7-1 唐山市耕地土壤养分变化

土壤指标	2012 年	变化幅度	1982 年	养分增减量	养分增减幅度（%）
有机质/（g/kg）	16.17	1.08~35.34	12.30	3.87	31.46
全氮/（g/kg）	0.92	0.17~39.19	0.73	0.19	26.03
有效磷/（mg/kg）	26.91	3.47~84.54	6.0	20.91	348.50
速效钾/（mg/kg）	141.22	26.53~530.60	116.0	25.22	21.74
有效铜/（mg/kg）	1.63	0.21~9.90	2.54	−0.91*	−35.83*
有效铁/（mg/kg）	25.88	3.31~194.01	23.11	2.77	11.99
有效锰/（mg/kg）	19.61	3.30~90.53	12.17	7.44	61.13
有效锌/（mg/kg）	2.40	0.32~18.51	0.35	2.05	585.71

* 有效铜养分含量较1982 年第二次土壤普查含量有所减少，表中体现为负数。

二、各县（市、区）耕地土壤养分状况

唐山市各县（市、区）耕地土壤养分状况如表 7-2 所示。

表7-2 农田土壤养分状况及变化

县（市、区）	项目	有机质	全氮	有效磷	缓效钾	速效钾	Fe	Mn	Cu	Zn
滦南县	平均	16.2	0.8	25.3	581.9	102.5	27.0	23.3	2.2	2.6
	CV（%）	22.9	26.7	73.8	36.0	37.1	65.4	61.6	36.6	38.2
	样量	9448	9414	9448	8639	9448	8861	8860	8861	8860
滦县	平均	12.0	0.6	33.1	758.0	113.9	72.7	21.5	0.9	3.0
	CV（%）	44.0	43.0	62.5	41.2	50.8	61.6	48.4	81.9	70.6
	样量	8460	3906	8460	500	8460	6496	6496	6496	6496
唐海（曹妃甸）县	平均	16.98	1.032	14.85	1833.55	233.05	20.89	13.04	2.05	1.99
	CV（%）	28.82	29.4	51.57	26.1	25.8	18.3	35.2	31.4	58.1
	样量	2943	413	2951	2958	2954	935	936	936	936
玉田县	平均	19.1	1.2	30.2	832.2	150.1	23.9	17.1	1.6	1.9
	CV（%）	24.7	24.7	73.6	32.9	39.6	43.4	59.6	60.4	86.8
	样量	6691	6691	6691	6691	6691	6691	6691	6691	6691
丰南区	平均	14.5	0.8	26.0	987.7	204.6	18.1	13.7	1.4	1.5
	CV（%）	36.4	31.6	55.4	15.9	70.7	59.3	48.3	59.9	60.0
	样量	5814	5812	5815	5815	5815	5815	5815	5815	547
迁西县	平均	12.9	0.8	31.2	—	93.9	21.4	18.7	1.6	2.4
	CV（%）	39.0	92.1	30.7	—	34.6	30.7	30.2	125.4	61.8
	样量	3045	3042	3070	—	3070	1070	1070	1070	1070
迁安市	平均	8.6	0.6	18.7	180.7	58.3	23.6	11.4	1.0	1.7
	CV（%）	42.4	28.9	55.7	42.8	38.2	50.7	81.4	268.6	90.1
	样量	471	465	471	42	471	467	467	467	466
遵化市	平均	15.3	0.9	32.0	730.6	90.6	45.2	42.8	2.3	2.5
	CV（%）	25.1	32.3	65.8	27.1	49.9	52.3	46.7	68.5	110.2
	样量	9526	9526	9516	9360	9510	9486	9493	9496	9475
乐亭县	平均	21.00	1.17	20.58		157.65	13.42	9.78	0.88	1.77
	CV（%）	22.3	22.3	91.0		61.4	27.6	23.1	49.4	45.2
	样量	4100	4100	4100		4100	4100	4100	4100	4100
丰润区	平均	17.91	1.158	31.97	769.26	92.62	15.98	13.43	1.72	3.04
	CV（%）	30.8	39.9	69.6	51.9	51.4	38.7	27.7	57.3	51.1
	样量	5999	5998	5999	5997	5998	5999	5999	5999	5999

县（市、区）	项目	有机质	全氮	有效磷	缓效钾	速效钾	Fe	Mn	Cu	Zn
合并区	平均	20.0	0.9	31.0	392.5	79.1	19.1	12.1	1.3	2.8
	CV（%）	34.1	67.4	113.3	40.2	43.8	45.4	56.4	119.8	70.2
	样量	780	789	821	822	821	822	822	797	822

注：表中有机质、全氮单位为 g/kg，其他指标单位为 mg/kg。

第二节 施肥状况分析

一、农户施肥现状分析

通过唐山市测土配方施肥项目对各县区累计 6.65 万余户农户开展的实地调查，经分析汇总后形成如下唐山市主要作物施肥现状表（见表 7-3）。

二、习惯施肥存在的问题

施肥技术水平整体不高。在大部分地区由于农民缺乏科学施肥知识，不掌握施肥技术，在化肥施用上，受"肥大水勤，不用问人""庄稼一枝花，全靠肥当家"等传统的施肥观念影响，只注意了化肥增产显著的一面，而不懂得肥料的报酬递减率，盲目加大施肥量。相比之下，在唐山市水稻种植区域，科学施肥技术理念具有一定基础，农民基本能做到看苗施肥。

多数地区有机肥施用比例下降。近 30 年来，虽然唐山市土壤有机质含量有所提高，但增长缓慢，大部分仍处于中等水平，迁西县、滦县、迁安市 3 个县区土壤有机质平均含量低于 15.00g/kg。然而随着生产生活方式的改变和化学肥料的推广，加之部分地区地形、人力资源等因素的限制，在施肥上，唐山市仍存在"重施化肥，轻施有机肥"现象，有机肥施用比重呈现逐年下降趋势。

化肥施用不平衡。在化肥施用上，普遍存在重氮、重磷、轻钾、忽略微肥的现象。高浓度复合肥施用比例过大，单质配比肥施用比例明显偏低；微量元素肥基本不施，氮、磷、钾肥投入比例失调。

肥料施用方式不当。主要表现为：氮肥撒施、表施现象比较普遍，降低肥效；施肥时期不合理，影响肥效的发挥，降低农产品品质。

表7-3 唐山市主要作物施肥情况表

作物	时期	有机肥 品种	有机肥 数量	底肥 氮肥(N) 品种	底肥 氮肥(N) 数量	底肥 氮肥(N) 时期	底肥 氮肥(N) 方法	底肥 磷肥(P_2O_5) 品种	底肥 磷肥(P_2O_5) 数量	底肥 磷肥(P_2O_5) 时期	底肥 磷肥(P_2O_5) 方法	底肥 钾肥(K_2O) 品种	底肥 钾肥(K_2O) 数量	底肥 钾肥(K_2O) 时期	底肥 钾肥(K_2O) 方法	追肥 氮肥(N) 品种	追肥 氮肥(N) 数量	追肥 氮肥(N) 时期	追肥 氮肥(N) 方法	追肥 钾肥(K_2O) 品种	追肥 钾肥(K_2O) 数量	追肥 钾肥(K_2O) 时期	追肥 钾肥(K_2O) 方法
小麦	播前	牛粪、人粪尿农家肥	1000~2000	三元复合肥、专用肥	5.25~7.5	播前	沟施	三元复合肥、专用肥	5.25~7.5	播前	沟施	三元复合肥、专用肥	5.25~7.5	播前	沟施	尿素	16.1	拔节期	随水撒施	氮钾追肥	2.4	拔节期	随水撒施
玉米	播前	牛粪、人粪尿农家肥	1000~2000	三元复合肥、专用肥	5.25~7.5	播前	沟施	三元复合肥、专用肥	5.25~7.5	播前	沟施	三元复合肥、专用肥	5.25~7.5	播前	沟施	尿素	13.8	大喇叭口期	开沟施用	—	—	—	—
水稻	移栽前	牛粪、人粪尿、农家肥	800	二铵、碳铵	3.8	移栽前	撒施	二铵、三元复合肥	2.3	移栽前	撒施	氯化钾、硫酸钾	4	移栽前	撒施	碳铵	14.3	分蘖前、分蘖后、孕穗前	随水撒施	氯化钾、硫酸钾	1	扬花期	随水撒施
花生	播前	牛粪、人粪尿农家肥	1000	三元复合肥、专用肥	5.25	播前	沟施	三元复合肥、专用肥	5.25	播前	沟施	三元复合肥、专用肥	5.25	播前	沟施	—	—	—	—	—	—	—	—

注：数量单位为 kg/亩。

三、不合理施肥造成的后果

肥料利用率低下、浪费严重，给周围环境带来潜在污染风险。依靠大量施用化肥和盲目施肥来追求较高产量的施肥习惯，导致肥料当季利用率氮肥不足 30%，磷肥 10%～20%，钾肥 30%～40%，资源利用效率低，不仅浪费了资源，还增加了生产成本，单位肥料增产效果降低，增产不增收。此外，大量化肥的使用，还引起地下水、地表水富营养化，给生态环境造成了潜在的污染风险。

土壤结构破坏，生态功能变差，影响农业可持续发展。由于长期偏施氮磷肥的习惯，造成了土壤养分不平衡，微生物环境破坏严重；再加上近年来耕作方式的变化，耕翻整地深度不够，耕地耕作层越来越薄，久而久之导致唐山市一些地区土壤供肥能力降低，土壤板结、土传病害严重，耕地土壤出现退化趋势，直接影响耕地综合生产能力。

作物营养不平衡，农产品品质下降。由于施肥养分配比不合理，导致了农作物营养不平衡，抗逆性降低，病害增多，既影响产量，又使农产品的品质下降、营养成分减少，影响了农产品的市场竞争力。

第三节 肥料效应田间试验结果

一、供试材料与方法

1. 试验地基本情况

依据产量水平、栽培管理条件、土壤类型（沙、中、黏）、土壤肥力等因素选择地力均匀的代表性地块，按不同产量水平、不同土壤质地定点。试验时间为 2009～2011 年，每个县每种作物至少 10 个点，冬小麦—夏玉米轮作为 20 个点，每点 15 个处理（含有机肥的处理）。

各项目县综合分析当地主栽作物的产量，划出高、中、低 3 个产量水平，在不同产量水平的耕地上选择有代表性的 10 个点（GPS 定位），安排田间试验，其中高肥力水平 3 个点、中肥力水平 4 个点、低肥力水平 3 个点。每个县按照高、中、低肥力和产量水平各确定 1 个点为定位点，试验周期为 3 年，其余的 7 个点每年更换。

2. 供试作物和肥料

供试作物：冬小麦、春玉米、花生、水稻。

供试肥料：氮肥（尿素，N46%）；磷肥（过磷酸钙，P_2O_5 16%）；钾肥（氯化钾，K_2O 60%）。

3. 试验设计

肥料效应田间试验采用"3414"设计方案，试验设计如表 7-4 所示。其中，"3414"是指氮、磷、钾 3 个因素、4 个水平、14 个处理。4 个水平的含义：0 水平指不施肥，2 水平指当地推荐施肥量，1 水平（指施肥不足）=2 水平×0.5，3 水平（指过量施肥）=2 水平×1.5。如果需要研究有机肥料和中、微量元素肥料效应，可在此基础上增加处理。

依据作物的产量水平确定小麦、玉米、花生和水稻2水平的施肥量,如表7-5所示。

4. 田间管理及调查

小区形状为长方形,面积为30m²。每个处理不设置重复,小区随机排列,高肥区与无肥区不能相邻。小区之间的间隔为50cm,留有保护行,观察道宽1m。

施肥方法:①小麦:磷肥和钾肥全部做底施翻入土内,氮肥底追比例为1:2,1/3的氮肥作底肥,2/3氮肥作追肥,追肥分别在起身和拔节期追施。②玉米:磷、钾肥作底肥施用,夏玉米的氮肥分两次施底肥占1/3,大喇叭口期占2/3,追肥氮肥深度在10cm以下。③花生:有机肥、1/2氮肥、全部磷肥和钾肥作基肥一次性施入,花针期剩余的1/2氮肥一次性追施,盛花后至扎针期每隔7天叶面喷施0.2%磷酸二氢钾+多菌灵2~3次。④水稻:15%的氮肥、全部磷肥、全部钾肥水耙地后插秧前施入作为基肥。分蘖期的氮素化肥分为3次施入。缓秧后第一次的氮肥施氮量占总量的20%,同时追施硫酸锌1.5~2kg/667m²;间隔5~7d施第二次氮肥,占总量的15%~20%;第三次蘖肥要根据苗情施保蘖肥,占总量的15%。结合前期的施肥情况,巧施两次穗肥,第一次在穗分化始期施氮肥总量的20%,第二次在减数分裂期施氮肥总量的20%~25%。"

调查记载前茬作物品种、产量、病虫害发生情况、试验地土壤类型、质地、前茬作物产量、施肥量、灌水次数、灌水时期等。

表7-4   "3414"试验方案

试验编号	处理	N	P	K
1	$N_0P_0K_0$	0	0	0
2	$N_0P_2K_2$	0	2	2
3	$N_1P_2K_2$	1	2	2
4	$N_2P_0K_2$	2	0	2
5	$N_2P_1K_2$	2	1	2
6	$N_2P_2K_2$	2	2	2
7	$N_2P_3K_2$	2	3	2
8	$N_2P_2K_0$	2	2	0
9	$N_2P_2K_1$	2	2	1
10	$N_2P_2K_3$	2	2	3
11	$N_3P_2K_2$	3	2	2
12	$N_1P_1K_2$	1	1	2
13	$N_1P_2K_1$	1	2	1
14	$N_2P_1K_1$	2	1	1
15	$N_2P_2K_2+S$	2	2	2

注:表中0、1、2、3分别代表施肥水平。0为不施肥,2当地习惯(或认为最佳施肥量),1为2水平×0.5,3为2水平×1.5(该水平为过量施肥水平)。

表 7-5 不同作物"3414"试验亩施肥水平（纯养分）　　　单位：kg/亩

处理	冬小麦			玉米		
	高产	中产	低产	高产	中产	低产
N_2	15	12	12	15	12	12
P_2	10	10	10	4	4	4
K_2	10	8	8	8	5	5
处理	水稻			花生		
	高产	中产	低产	高产	中产	低产
N_2	20	20	20	7	7	7
P_2	3	3	3	4	4	4
K_2	4	4	4	7	7	7

二、肥料产量效应与推荐施肥量

（一）氮、磷、钾肥在冬小麦上的产量效应

不同地力土壤上氮磷钾肥的产量效应如表 7-6 所示。

表 7-6 唐山市各县冬小麦"3414"试验结果　　　单位：kg/亩

县（市、区）	处理	$N_0P_0K_0$	$N_0P_2K_2$	$N_1P_2K_2$	$N_2P_0K_2$	$N_2P_1K_2$	$N_2P_2K_2$	$N_2P_3K_2$
遵化市	平均	392.3	438.6	456.3	460.8	464.9	472.7	448.2
	CV（%）	22.0	23.2	23.2	21.2	20.7	18.4	19.4
	处理	$N_2P_2K_0$	$N_2P_2K_1$	$N_2P_2K_3$	$N_3P_2K_2$	$N_1P_1K_2$	$N_1P_2K_1$	$N_2P_1K_1$
	平均	459.2	461.8	462.0	462.8	534.2	457.8	463.4
	CV（%）	18.3	18.9	19.3	21.2	91.8	22.3	20.0
县（市、区）	处理	$N_0P_0K_0$	$N_0P_2K_2$	$N_1P_2K_2$	$N_2P_0K_2$	$N_2P_1K_2$	$N_2P_2K_2$	$N_2P_3K_2$
玉田县	平均	231.4	270.8	313.9	297.8	344.4	363.9	378.7
	CV（%）	11.2	11.1	15.8	19.1	22.0	19.9	22.0
	处理	$N_2P_2K_0$	$N_2P_2K_1$	$N_2P_2K_3$	$N_3P_2K_2$	$N_1P_1K_2$	$N_1P_2K_1$	$N_2P_1K_1$
	平均	299.7	321.4	373.1	362.3	319.4	342.1	330.0
	CV（%）	15.8	18.7	21.8	19.3	17.1	22.9	20.8

续表

县（市、区）	处理	$N_0P_0K_0$	$N_0P_2K_2$	$N_1P_2K_2$	$N_2P_0K_2$	$N_2P_1K_2$	$N_2P_2K_2$	$N_2P_3K_2$
丰润区	平均	296.8	360.1	377.6	389.8	397.1	408.1	400.9
	CV（%）	28.6	18.9	16.5	21.8	22.2	18.3	20.7
	处理	$N_2P_2K_0$	$N_2P_2K_1$	$N_2P_2K_3$	$N_3P_2K_2$	$N_1P_1K_2$	$N_1P_2K_1$	$N_2P_1K_1$
	平均	381.0	394.3	404.2	397.2	379.5	372.1	375.6
	CV（%）	21.0	15.9	19.1	17.6	16.4	18.6	19.1

县（市、区）	处理	$N_0P_0K_0$	$N_0P_2K_2$	$N_1P_2K_2$	$N_2P_0K_2$	$N_2P_1K_2$	$N_2P_2K_2$	$N_2P_3K_2$
乐亭县	平均	361.4	426.1	428.6	407.2	426.8	469.8	470.3
	CV（%）	14.9	11.0	12.3	22.9	9.7	6.3	8.7
	处理	$N_2P_2K_0$	$N_2P_2K_1$	$N_2P_2K_3$	$N_3P_2K_2$	$N_1P_1K_2$	$N_1P_2K_1$	$N_2P_1K_1$
	平均	451.0	452.7	455.5	456.8	429.8	420.6	410.1
	CV（%）	8.0	8.5	8.1	10.7	6.6	9.8	9.9

县（市、区）	处理	$N_0P_0K_0$	$N_0P_2K_2$	$N_1P_2K_2$	$N_2P_0K_2$	$N_2P_1K_2$	$N_2P_2K_2$	$N_2P_3K_2$
丰南区	平均	159.5	250.4	276.8	284.4	318.6	363.0	338.9
	CV（%）	25.4	10.9	7.9	11.1	10.3	6.3	8.7
	处理	$N_2P_2K_0$	$N_2P_2K_1$	$N_2P_2K_3$	$N_3P_2K_2$	$N_1P_1K_2$	$N_1P_2K_1$	$N_2P_1K_1$
	平均	314.5	330.7	354.0	349.7	292.5	304.7	305.5
	CV（%）	10.9	10.1	7.7	12.8	13.2	10.3	9.5

县（市、区）	处理	$N_0P_0K_0$	$N_0P_2K_2$	$N_1P_2K_2$	$N_2P_0K_2$	$N_2P_1K_2$	$N_2P_2K_2$	$N_2P_3K_2$
滦南县	平均	295.7	330.9	385.3	366.7	404.0	427.6	400.7
	CV（%）	27.3	22.8	15.5	20.3	14.3	18.1	14.6
	处理	$N_2P_2K_0$	$N_2P_2K_1$	$N_2P_2K_3$	$N_3P_2K_2$	$N_1P_1K_2$	$N_1P_2K_1$	$N_2P_1K_1$
	平均	386.9	396.4	394.4	395.3	383.2	390.7	395.3
	CV（%）	25.2	17.2	14.4	12.5	17.7	16.9	15.8

县（市、区）	处理	$N_0P_0K_0$	$N_0P_2K_2$	$N_1P_2K_2$	$N_2P_0K_2$	$N_2P_1K_2$	$N_2P_2K_2$	$N_2P_3K_2$
滦县	平均	260.2	323.7	388.6	377.4	336.3	395.1	392.0
	CV（%）	23.2	22.6	17.4	22.8	18.5	17.0	19.5
	处理	$N_2P_2K_0$	$N_2P_2K_1$	$N_2P_2K_3$	$N_3P_2K_2$	$N_1P_1K_2$	$N_1P_2K_1$	$N_2P_1K_1$
	平均	340.4	368.1	373.6	364.3	349.4	341.1	362.8
	CV（%）	15.3	11.9	13.5	11.2	11.9	14.7	14.7

县（市、区）	处理	$N_0P_0K_0$	$N_0P_2K_2$	$N_1P_2K_2$	$N_2P_0K_2$	$N_2P_1K_2$	$N_2P_2K_2$	$N_2P_3K_2$
平均	平均	284.1	334.6	372.8	361.7	387.1	414.6	402.5
	CV（%）	29.6	23.6	18.5	23.1	18.4	18.0	17.8
	处理	$N_2P_2K_0$	$N_2P_2K_1$	$N_2P_2K_3$	$N_3P_2K_2$	$N_1P_1K_2$	$N_1P_2K_1$	$N_2P_1K_1$
	平均	374.5	386.9	397.3	394.3	371.6	375.6	376.5
	CV（%）	23.4	18.1	16.5	15.8	18.3	18.5	17.8

通过"3414"试验计算出氮、磷、钾在冬小麦上的产量效应函数如表7-7所示。

表7-7 唐山各县冬小麦肥料效应方程

县（市、区）	肥料种类	效应方程	最高产量用量/（kg/亩）	供肥能力（%）
遵化市	氮肥	$y = -0.1469x^2 + 4.3168x + 437.33$ $R^2 = 0.9493$	14.7	92.5
	磷肥	$y = -0.7186x^2 + 5.8336x + 459.05$ $R^2 = 0.795$	4.0	97.1
	钾肥	$y = -0.6566x^2 + 5.2809x + 457.74$ $R^2 = 0.5866$	4.0	96.8
玉田县	氮肥	$y = -0.2452x^2 + 9.7697x + 267.9$ $R^2 = 0.9712$	19.9	74.4
	磷肥	$y = -1.9822x^2 + 25.007x + 298.93$ $R^2 = 0.9932$	6.3	82.1
	钾肥	$y = -0.1536x^2 + 7.9093x + 297.03$ $R^2 = 0.96$	25.7	81.6
丰润区	氮肥	$y = -0.3263x^2 + 11.899x + 296.62$ $R^2 = 0.9999$	18.2	74.7
	磷肥	$y = -0.021x^2 + 2.9103x + 378.05$ $R^2 = 0.9924$	—	95.2
	钾肥	$y = 0.3129x^2 - 3.5648x + 398.14$ $R^2 = 0.3291$	—	100.0
乐亭县	氮肥	$y = -0.1077x^2 + 4.1646x + 421.4$ $R^2 = 0.6874$	—	89.7
	磷肥	$y = -0.1911x^2 + 7.5155x + 403.9$ $R^2 = 0.9279$	—	86.0
	钾肥	$y = -0.2496x^2 + 3.7673x + 448.62$ $R^2 = 0.5033$	7.5	95.5

续表

县（市、区）	肥料种类	效应方程	最高产量用量/（kg/亩）	供肥能力（%）
丰南区	氮肥	$y = -0.2318x^2 + 10.418x + 242.39$ $R^2 = 0.8598$	22.5	69.0
	磷肥	$y = -0.8878x^2 + 15.922x + 280.44$ $R^2 = 0.9067$	9.0	77.2
	钾肥	$y = -0.4563x^2 + 9.147x + 311.61$ $R^2 = 0.8881$	10.0	85.8
滦南县	氮肥	$y = -0.5035x^2 + 13.502x + 327.79$ $R^2 = 0.9596$	13.4	76.7
	磷肥	$y = -1.1772x^2 + 16.442x + 364.9$ $R^2 = 0.964$	7.0	85.3
	钾肥	$y = -0.7649x^2 + 10.017x + 382.59$ $R^2 = 0.6187$	6.5	89.5
滦县	氮肥	$y = -0.5552x^2 + 12.884x + 324.77$ $R^2 = 0.993$	11.6	82.2
	磷肥	$y = 0.6962x^2 - 4.9424x + 369.34$ $R^2 = 0.4037$	—	93.5
	钾肥	$y = -0.8792x^2 + 13.244x + 338.04$ $R^2 = 0.9247$	7.5	85.6
平均	氮肥	$y = -0.3404x^2 + 10.067x + 331.27$ $R^2 = 0.9385$	14.8	79.9
	磷肥	$y = -0.6901x^2 + 11.706x + 359.56$ $R^2 = 0.9443$	8.5	86.7
	钾肥	$y = -0.5331x^2 + 8.555x + 371.44$ $R^2 = 0.7909$	8.0	89.6

（二）氮、磷、钾肥在夏玉米上的产量效应

不同地力土壤上氮磷钾肥的产量效应如表7-8所示。

表7-8 唐山市各县夏玉米"3414"试验结果   单位：kg/亩

县（市、区）	处理	$N_0P_0K_0$	$N_0P_2K_2$	$N_1P_2K_2$	$N_2P_0K_2$	$N_2P_1K_2$	$N_2P_2K_2$	$N_2P_3K_2$
遵化市	平均	538.9	601.8	633.1	640.5	627.5	639.4	641.7
	CV（%）	21.0	15.9	16.6	16.8	17.4	15.6	15.7
	处理	$N_2P_2K_0$	$N_2P_2K_1$	$N_2P_2K_3$	$N_3P_2K_2$	$N_1P_1K_2$	$N_1P_2K_1$	$N_2P_1K_1$
	平均	613.1	631.8	636.0	615.4	632.1	649.5	635.4
	CV（%）	16.0	14.6	16.3	18.0	17.7	16.0	16.7

续表

县（市、区）	处理	$N_0P_0K_0$	$N_0P_2K_2$	$N_1P_2K_2$	$N_2P_0K_2$	$N_2P_1K_2$	$N_2P_2K_2$	$N_2P_3K_2$
玉田县	平均	402.9	462.1	499.4	489.8	525.4	552.1	559.2
	CV（%）	17.2	11.1	9.4	11.0	10.1	10.2	10.0
	处理	$N_2P_2K_0$	$N_2P_2K_1$	$N_2P_2K_3$	$N_3P_2K_2$	$N_1P_1K_2$	$N_1P_2K_1$	$N_2P_1K_1$
	平均	492.4	524.4	544.1	560.1	508.1	495.6	503.0
	CV（%）	12.7	9.7	11.2	10.7	11.0	11.6	10.7
县（市、区）	处理	$N_0P_0K_0$	$N_0P_2K_2$	$N_1P_2K_2$	$N_2P_0K_2$	$N_2P_1K_2$	$N_2P_2K_2$	$N_2P_3K_2$
乐亭县	平均	506.0	554.6	552.6	539.8	564.3	591.2	588.4
	CV（%）	17.1	14.5	12.9	25.3	12.4	12.0	13.5
	处理	$N_2P_2K_0$	$N_2P_2K_1$	$N_2P_2K_3$	$N_3P_2K_2$	$N_1P_1K_2$	$N_1P_2K_1$	$N_2P_1K_1$
	平均	573.4	571.8	598.3	565.5	562.7	560.2	558.6
	CV（%）	14.1	13.0	12.6	13.4	15.8	13.4	13.3
县（市、区）	处理	$N_0P_0K_0$	$N_0P_2K_2$	$N_1P_2K_2$	$N_2P_0K_2$	$N_2P_1K_2$	$N_2P_2K_2$	$N_2P_3K_2$
迁安市	平均	593.2	633.3	657.4	646.4	658.2	673.6	653.0
	CV（%）	20.2	19.4	20.2	20.4	23.6	15.8	19.5
	处理	$N_2P_2K_0$	$N_2P_2K_1$	$N_2P_2K_3$	$N_3P_2K_2$	$N_1P_1K_2$	$N_1P_2K_1$	$N_2P_1K_1$
	平均	641.6	643.8	656.9	655.7	656.6	616.7	628.9
	CV（%）	17.1	24.3	16.0	13.7	20.9	18.9	22.8
县（市、区）	处理	$N_0P_0K_0$	$N_0P_2K_2$	$N_1P_2K_2$	$N_2P_0K_2$	$N_2P_1K_2$	$N_2P_2K_2$	$N_2P_3K_2$
丰南区	平均	350.7	490.3	541.8	524.9	561.2	579.0	584.8
	CV（%）	8.3	14.5	9.4	14.3	10.1	9.7	9.8
	处理	$N_2P_2K_0$	$N_2P_2K_1$	$N_2P_2K_3$	$N_3P_2K_2$	$N_1P_1K_2$	$N_1P_2K_1$	$N_2P_1K_1$
	平均	507.8	565.8	577.4	577.1	526.5	533.0	542.2
	CV（%）	10.6	9.7	9.5	11.7	9.2	10.2	10.4
县（市、区）	处理	$N_0P_0K_0$	$N_0P_2K_2$	$N_1P_2K_2$	$N_2P_0K_2$	$N_2P_1K_2$	$N_2P_2K_2$	$N_2P_3K_2$
丰润区	平均	492.4	540.0	556.9	568.2	584.7	599.2	603.2
	CV（%）	27.1	19.3	21.7	17.2	16.1	16.5	15.2
	处理	$N_2P_2K_0$	$N_2P_2K_1$	$N_2P_2K_3$	$N_3P_2K_2$	$N_1P_1K_2$	$N_1P_2K_1$	$N_2P_1K_1$
	平均	561.2	586.3	613.5	598.6	567.5	583.8	566.5
	CV（%）	21.7	19.0	20.8	15.9	16.7	17.8	22.9

续表

县（市、区）	处理	$N_0P_0K_0$	$N_0P_2K_2$	$N_1P_2K_2$	$N_2P_0K_2$	$N_2P_1K_2$	$N_2P_2K_2$	$N_2P_3K_2$
	平均	543.1	596.8	613.1	619.9	609.4	624.1	625.3
	CV（%）	19.9	19.4	13.4	15.2	15.2	14.0	14.1
滦南县	处理	$N_2P_2K_0$	$N_2P_2K_1$	$N_2P_2K_3$	$N_3P_2K_2$	$N_1P_1K_2$	$N_1P_2K_1$	$N_2P_1K_1$
	平均	615.6	630.8	642.8	624.6	617.2	614.6	621.9
	CV（%）	13.8	13.9	13.2	15.9	15.7	11.4	14.0
县（市、区）	处理	$N_0P_0K_0$	$N_0P_2K_2$	$N_1P_2K_2$	$N_2P_0K_2$	$N_2P_1K_2$	$N_2P_2K_2$	$N_2P_3K_2$
	平均	425.1	477.3	493.0	512.9	516.8	522.0	518.9
	CV（%）	17.2	20.1	13.3	13.9	13.1	13.9	14.5
滦县	处理	$N_2P_2K_0$	$N_2P_2K_1$	$N_2P_2K_3$	$N_3P_2K_2$	$N_1P_1K_2$	$N_1P_2K_1$	$N_2P_1K_1$
	平均	492.6	521.5	515.7	534.2	502.8	503.6	523.5
	CV（%）	15.3	13.6	16.9	16.1	15.0	13.9	15.7
县（市、区）	处理	$N_0P_0K_0$	$N_0P_2K_2$	$N_1P_2K_2$	$N_2P_0K_2$	$N_2P_1K_2$	$N_2P_2K_2$	$N_2P_3K_2$
	平均	554.2	581.4	551.7	569.7	574.3	564.7	567.4
	CV（%）	11.3	9.1	15.7	8.3	13.4	16.9	5.7
市区	处理	$N_2P_2K_0$	$N_2P_2K_1$	$N_2P_2K_3$	$N_3P_2K_2$	$N_1P_1K_2$	$N_1P_2K_1$	$N_2P_1K_1$
	平均	554.1	612.1	580.9	546.1	553.9	576.2	593.6
	CV（%）	14.4	11.4	14.8	16.7	14.9	17.9	16.9
县（市、区）	处理	$N_0P_0K_0$	$N_0P_2K_2$	$N_1P_2K_2$	$N_2P_0K_2$	$N_2P_1K_2$	$N_2P_2K_2$	$N_2P_3K_2$
	平均	493.5	549.2	566.7	567.5	578.8	594.5	592.9
	CV（%）	23.9	20.4	17.8	19.4	17.4	15.6	15.6
平均	处理	$N_2P_2K_0$	$N_2P_2K_1$	$N_2P_2K_3$	$N_3P_2K_2$	$N_1P_1K_2$	$N_1P_2K_1$	$N_2P_1K_1$
	平均	565.2	586.4	597.8	590.2	571.4	566.1	573.6
	CV（%）	17.8	17.3	16.3	15.8	18.4	16.3	17.9

通过"3414"试验计算出氮、磷、钾在春玉米上的产量效应函数如表7-9所示。

表7-9 唐山各县春玉米肥料效应方程

县（市、区）	肥料种类	效应方程	最高产量用量/（kg/亩）	供肥能力（%）
遵化市	氮肥	$y = -0.2596x^2 + 6.3319x + 601.5$ $R^2 = 0.9986$	12.2	94.1
	磷肥	$y = 0.5028x^2 - 3.6014x + 638.77$ $R^2 = 0.5456$	—	100.0
	钾肥	$y = -0.4123x^2 + 6.6054x + 613.13$ $R^2 = 1$	8.0	95.9
玉田县	氮肥	$y = -0.1372x^2 + 7.7578x + 459.06$ $R^2 = 0.9719$	28.3	83.1
	磷肥	$y = -0.9347x^2 + 16.243x + 489.31$ $R^2 = 0.9981$	8.7	88.7
	钾肥	$y = -0.7477x^2 + 13.198x + 490.87$ $R^2 = 0.977$	8.8	88.9
乐亭县	氮肥	$y = -0.1109x^2 + 3.4037x + 549.4$ $R^2 = 0.4177$	15.3	92.9
	磷肥	$y = -0.8927x^2 + 13.646x + 538.24$ $R^2 = 0.9703$	7.6	91.0
	钾肥	$y = 0.1614x^2 + 0.8008x + 571.72$ $R^2 = 0.8934$	2.5	96.7
迁安市	氮肥	$y = -0.1975x^2 + 5.4661x + 631.99$ $R^2 = 0.9582$	13.8	93.8
	磷肥	$y = -1.0653x^2 + 10.104x + 644.38$ $R^2 = 0.8059$	4.7	95.7
	钾肥	$y = -0.2074x^2 + 4.5634x + 637.85$ $R^2 = 0.5794$	11.0	94.7
丰南区	氮肥	$y = -0.2581x^2 + 9.7041x + 489.08$ $R^2 = 0.9941$	18.8	84.5
	磷肥	$y = -1.9025x^2 + 21.278x + 525.26$ $R^2 = 0.999$	5.6	90.7
	钾肥	$y = -0.6488x^2 + 13.952x + 509.34$ $R^2 = 0.9867$	10.7	88.0
丰润区	氮肥	$y = -0.0848x^2 + 4.8634x + 536.62$ $R^2 = 0.9131$	28.6	89.6
	磷肥	$y = -0.7861x^2 + 10.698x + 567.74$ $R^2 = 0.9952$	6.8	94.8
	钾肥	$y = -0.1173x^2 + 5.2306x + 561.92$ $R^2 = 0.9938$	22.2	93.8

县（市、区）	肥料种类	效应方程	最高产量用量/（kg/亩）	供肥能力（%）
滦南县	氮肥	$y = -0.0763x^2 + 2.9585x + 596.56$ $R^2 = 0.9971$	19.4	95.6
	磷肥	$y = 0.7296x^2 - 2.8376x + 617.97$ $R^2 = 0.5176$	—	99.0
	钾肥	$y = 0.0478x^2 + 1.1711x + 617.92$ $R^2 = 0.7183$	—	99.0
滦县	氮肥	$y = -0.0178x^2 + 3.2319x + 475.75$ $R^2 = 0.9779$	—	98.0
	磷肥	$y = -0.3106x^2 + 3.1938x + 512.39$ $R^2 = 0.892$	5.1	98.2
	钾肥	$y = -0.6599x^2 + 9.1421x + 493.68$ $R^2 = 0.9597$	6.9	94.6
市区	氮肥	$y = 0.0539x^2 - 2.4583x + 577.73$ $R^2 = 0.6288$	—	102.3
	磷肥	$y = -0.1156x^2 - 0.1262x + 571.01$ $R^2 = 0.2864$	—	101.1
	钾肥	$y = -0.586x^2 + 8.1969x + 562.6$ $R^2 = 0.255$	7.0	99.6
平均	氮肥	$y = -0.104x^2 + 4.3439x + 547.07$ $R^2 = 0.934$	20.9	92.0
	磷肥	$y = -0.5675x^2 + 7.9213x + 566.39$ $R^2 = 0.9522$	7.0	95.3
	钾肥	$y = -0.2517x^2 + 5.6976x + 565.6$ $R^2 = 0.9944$	11.3	95.1

（三）氮、磷、钾肥在花生上的产量效应

不同地力土壤上氮磷钾肥的产量效应如表 7 - 10 所示。

表 7 – 10 唐山市各县花生"3414"试验结果   单位：kg/亩

县（市、区）	处理	$N_0P_0K_0$	$N_0P_2K_2$	$N_1P_2K_2$	$N_2P_0K_2$	$N_2P_1K_2$	$N_2P_2K_2$	$N_2P_3K_2$
滦南县	平均	290.5	307.5	301.4	309.2	320.2	321.3	340.9
	CV（%）	13.9	13.5	13.3	12.1	15.1	13.0	11.3
	最大	332.2	383.0	351.0	367.3	380.8	373.6	409.1
	最小	185.0	250.9	194.3	222.6	218.9	225.1	259.0
	处理	$N_2P_2K_0$	$N_2P_2K_1$	$N_2P_2K_3$	$N_3P_2K_2$	$N_1P_1K_2$	$N_1P_2K_1$	$N_2P_1K_1$
	平均	319.7	329.9	323.5	320.9	320.8	308.5	311.3
	CV（%）	13.9	8.4	10.6	14.7	9.0	9.6	13.4
	最大	378.1	377.6	370.4	404.9	354.7	346.2	373.4
	最小	222.0	286.8	268.8	212.8	272.1	246.7	206.6
县（市、区）	处理	$N_0P_0K_0$	$N_0P_2K_2$	$N_1P_2K_2$	$N_2P_0K_2$	$N_2P_1K_2$	$N_2P_2K_2$	$N_2P_3K_2$
遵化市	平均	341.8	360.1	363.8	369.7	351.2	358.6	357.2
	CV（%）	5.2	2.0	0.9	3.7	4.3	4.3	3.5
	最大	360.1	366.8	368.7	386.3	369.5	375.2	370.3
	最小	321.3	352.3	360.2	358.7	336.5	341.2	342.0
	处理	$N_2P_2K_0$	$N_2P_2K_1$	$N_2P_2K_3$	$N_3P_2K_2$	$N_1P_1K_2$	$N_1P_2K_1$	$N_2P_1K_1$
	平均	373.6	397.7	370.4	363.0	390.3	338.2	347.0
	CV（%）	3.7	6.2	3.3	5.5	7.8	6.5	4.0
	最大	388.4	420.2	385.0	380.8	425.1	352.3	364.7
	最小	358.2	371.2	354.2	332.1	348.2	300.3	328.0
县（市、区）	处理	$N_0P_0K_0$	$N_0P_2K_2$	$N_1P_2K_2$	$N_2P_0K_2$	$N_2P_1K_2$	$N_2P_2K_2$	$N_2P_3K_2$
市区	平均	247.9	291.5	285.6	290.0	289.7	315.8	269.8
	CV（%）	30.9	17.3	23.3	18.4	24.9	13.4	20.4
	最大	348.7	338.7	400.0	377.8	420.6	355.6	343.0
	最小	131.6	202.8	207.1	211.4	202.8	235.1	194.1
	处理	$N_2P_2K_0$	$N_2P_2K_1$	$N_2P_2K_3$	$N_3P_2K_2$	$N_1P_1K_2$	$N_1P_2K_1$	$N_2P_1K_1$
	平均	272.9	273.7	292.8	282.9	307.5	289.3	279.9
	CV（%）	24.2	24.0	19.6	19.0	21.5	22.2	24.4
	最大	376.5	340.8	388.3	364.1	430.8	373.2	381.8
	最小	163.9	159.6	207.1	192.0	215.7	161.8	135.9

续表

县（市、区）	处理	$N_0P_0K_0$	$N_0P_2K_2$	$N_1P_2K_2$	$N_2P_0K_2$	$N_2P_1K_2$	$N_2P_2K_2$	$N_2P_3K_2$
平均	平均	285.9	312.6	305.6	312.2	316.1	325.4	323.9
	CV（%）	20.1	14.2	16.8	14.8	17.5	12.6	16.3
	最大	360.1	383.0	400.0	386.3	420.6	375.2	409.1
	最小	131.6	202.8	194.3	211.4	202.8	225.1	194.1
	处理	$N_2P_2K_0$	$N_2P_2K_1$	$N_2P_2K_3$	$N_3P_2K_2$	$N_1P_1K_2$	$N_1P_2K_1$	$N_2P_1K_1$
	平均	314.3	323.9	321.5	316.3	326.6	307.3	307.6
	CV（%）	18.1	17.1	14.2	16.4	14.9	13.9	16.7
	最大	388.4	420.2	388.3	404.9	430.8	373.2	381.8
	最小	163.9	159.6	207.1	192.0	215.7	161.8	135.9

通过"3414"试验计算出氮、磷、钾在花生上的产量效应函数如表 7 – 11 所示。

表 7 – 11　唐山各县花生肥料效应方程

县（市、区）	肥料种类	效应方程	最高产量用量/（kg/亩）	供肥能力（%）
滦南县	氮肥	$y = 0.1169x^2 + 0.4823x + 305.24$ $R^2 = 0.6375$	—	95.0
	磷肥	$y = 0.5432x^2 + 1.5427x + 310.65$ $R^2 = 0.9228$	—	96.7
	钾肥	$y = -0.1638x^2 + 1.7947x + 321.19$ $R^2 = 0.2714$	5.5	100.0
遵化市	氮肥	$y = 0.0131x^2 - 0.0411x + 361.05$ $R^2 = 0.0374$	—	100.7
	磷肥	$y = 1.0738x^2 - 7.9415x + 367.98$ $R^2 = 0.6615$	—	102.7
	钾肥	$y = -0.2522x^2 + 1.2566x + 379.31$ $R^2 = 0.194$	2.49	105.8
市区	氮肥	$y = -0.5507x^2 + 5.9099x + 286.54$ $R^2 = 0.271$	5.4	90.7
	磷肥	$y = -2.8553x^2 + 15.4x + 285.11$ $R^2 = 0.5451$	2.7	90.3
	钾肥	$y = -0.4862x^2 + 8.0158x + 267.58$ $R^2 = 0.5389$	8.2	84.7

续表

县（市、区）	肥料种类	效应方程	最高产量用量/（kg/亩）	供肥能力（%）
平均	氮肥	$y = -0.0416x^2 + 1.3198x + 309.82$ $R^2 = 0.2401$	15.9	95.2
	磷肥	$y = -0.3359x^2 + 4.2255x + 311.42$ $R^2 = 0.8908$	6.3	95.7
	钾肥	$y = -0.2734x^2 + 3.5286x + 314.47$ $R^2 = 0.9945$	6.4	96.6

（四）氮、磷、钾肥在水稻上的产量效应

不同地力土壤上氮磷钾肥的产量效应如表 7 – 12 所示。

表 7 – 12　唐山市各县水稻"3414"试验结果　　　　　单位：kg/亩

县（市、区）	处理	$N_0P_0K_0$	$N_0P_2K_2$	$N_1P_2K_2$	$N_2P_0K_2$	$N_2P_1K_2$	$N_2P_2K_2$	$N_2P_3K_2$
唐海（曹妃甸）县	平均	363.6	404.3	538.1	589.1	619.0	642.0	632.3
	CV（%）	15.2	15.3	13.5	10.8	10.2	8.4	9.1
	最大	465.0	500.0	660.0	690.0	710.0	720.0	710.0
	最小	245.8	289.8	350.0	440.0	475.8	489.1	491.4
	处理	$N_2P_2K_0$	$N_2P_2K_1$	$N_2P_2K_3$	$N_3P_2K_2$	$N_1P_1K_2$	$N_1P_2K_1$	$N_2P_1K_1$
	平均	620.5	624.3	622.4	585.3	579.7	576.7	612.8
	CV（%）	9.7	10.0	12.0	18.1	14.8	15.0	9.8
	最大	680.0	750.0	820.0	760.0	740.0	720.0	740.0
	最小	470.0	429.1	424.7	339.2	350.0	330.0	449.1
县（市、区）	处理	$N_0P_0K_0$	$N_0P_2K_2$	$N_1P_2K_2$	$N_2P_0K_2$	$N_2P_1K_2$	$N_2P_2K_2$	$N_2P_3K_2$
滦南县	平均	395.3	390.0	549.4	591.7	597.7	550.3	580.3
	CV（%）	28.4	32.0	11.9	14.9	14.3	28.0	19.8
	最大	584.0	640.0	649.4	700.0	714.7	813.4	692.7
	最小	278.7	269.4	417.4	438.7	432.0	360.0	302.7
	处理	$N_2P_2K_0$	$N_2P_2K_1$	$N_2P_2K_3$	$N_3P_2K_2$	$N_1P_1K_2$	$N_1P_2K_1$	$N_2P_1K_1$
	平均	566.5	522.8	581.7	552.3	552.5	542.6	584.3
	CV（%）	20.6	19.2	12.7	26.7	10.9	12.4	17.0
	最大	806.7	664.0	722.7	780.0	641.4	661.4	753.4
	最小	448.0	350.7	454.7	224.0	466.7	454.7	424.0

县（市、区）	处理	$N_0P_0K_0$	$N_0P_2K_2$	$N_1P_2K_2$	$N_2P_0K_2$	$N_2P_1K_2$	$N_2P_2K_2$	$N_2P_3K_2$
平均	平均	395.3	390.0	549.4	591.7	597.7	550.3	580.3
	CV（%）	28.4	32.0	11.9	14.9	14.3	28.0	19.8
	最大	584.0	640.0	649.4	700.0	714.7	813.4	692.7
	最小	278.7	269.4	417.4	438.7	432.0	360.0	302.7
	处理	$N_2P_2K_0$	$N_2P_2K_1$	$N_2P_2K_3$	$N_3P_2K_2$	$N_1P_1K_2$	$N_1P_2K_1$	$N_2P_1K_1$
	平均	566.5	522.8	581.7	552.3	552.5	542.6	584.3
	CV（%）	20.6	19.2	12.7	26.7	10.9	12.4	17.0
	最大	806.7	664.0	722.7	780.0	641.4	661.4	753.4
	最小	448.0	350.7	454.7	224.0	466.7	454.7	424.0

通过"3414"试验计算出氮、磷、钾在水稻上的产量效应函数如表 7 – 13 所示。

表 7 – 13　唐山各县水稻肥料效应方程

县（市、区）	肥料种类	效应方程	最高产量用量/（kg/亩）	供肥能力（%）
唐海（曹妃甸）县	氮肥	$y = -0.5989x^2 + 23.275x + 397.78$ $R^2 = 0.9723$	19.4	62.0
	磷肥	$y = -1.5843x^2 + 17.99x + 587.78$ $R^2 = 0.9791$	5.7	92.0
	钾肥	$y = -0.9305x^2 + 7.9157x + 617.98$ $R^2 = 0.553$	4.3	96.3
滦南县	氮肥	$y = -0.3934x^2 + 16.683x + 397.94$ $R^2 = 0.9342$	21.2	72.3
	磷肥	$y = 2.6741x^2 - 17.488x + 598.27$ $R^2 = 0.3596$	—	108.7
	钾肥	$y = 4.6979x^2 - 24.546x + 563.17$ $R^2 = 0.8808$	—	102.9
平均	氮肥	$= -0.3934x^2 + 16.683x + 397.94$ $R^2 = 0.9342$	21.2	72.3
	磷肥	$y = 2.6741x^2 - 17.488x + 598.27$ $R^2 = 0.3596$	—	108.8
	钾肥	$y = 4.6979x^2 - 24.546x + 563.17$ $R^2 = 0.8808$	—	102.3

第四节 肥料配方设计

一、土壤养分丰缺状况

依据唐山市各县区多点位田间试验所获得的各地块土壤养分含量和作物相对产量结果，经分类汇总、剔除极值和相关分析等统计方法处理后，建立两者的相关关系。结合《全国耕地类型区、耕地地力等级划分（NY/T 309）》关于土壤养分分级的相关规定，在综合考虑全市土壤特性和供肥性能的前提下，分别以有机质、有效磷、速效钾 3 种测试指标作为分级的指标依据，将土壤氮、磷、钾 3 种主要养分各划分为 4 个等级，提出土壤养分的丰缺指标如表 7 - 14 所示。

表 7 - 14 唐山市土壤养分丰缺指标

养分种类	高	中	低	极低
有机质/（g/kg）	> 20	15 ~ 20	10 ~ 15	< 10
有效磷/（mg/kg）	> 30	20 ~ 30	10 ~ 20	< 10
速效钾/（mg/kg）	> 200	120 ~ 200	80 ~ 120	< 80

二、唐山市施肥指标体系建立

根据唐山市各主要作物多点位田间试验的肥料产量效应分析结果（参照本章第三节），结合专家经验与本地土壤养分含量实际，借鉴本市内其他县（市、区）作物指标，设计了唐山市各主要作物施肥指标体系，如表 7 - 15 至表 7 - 18 所示。

表 7 - 15 唐山市冬小麦施肥指标体系

产量/ （kg/亩）	N 用量/（kg/亩）				P_2O_5 用量/（kg/亩）				K_2O 用量/（kg/亩）			
	有机质/（g/kg）				有效磷/（mg/kg）				速效钾/（mg/kg）			
	> 20	15 ~ 20	10 ~ 15	< 10	> 30	20 ~ 30	10 ~ 20	< 10	> 200	120 ~ 200	80 ~ 120	< 80
> 400	14	15	16	17	7	8	9	10	5	6	7	8
350 ~ 400	13	14	15	16	6	7	8	9	4.5	5.5	6.5	7.5
300 ~ 350	12	13	14	15	5	6	7	8	4	5	6	7
> 300	11	12	13	14	4	5	6	7	3.5	4.5	5.5	6.5

表 7 - 16　唐山市玉米施肥指标体系

产量/ （kg/亩）	N 用量/（kg/亩）				P₂O₅用量/（kg/亩）				K₂O 用量/（kg/亩）			
	有机质/（g/kg）				有效磷/（mg/kg）				速效钾/（mg/kg）			
	>20	15 ~ 20	10 ~ 15	<10	>30	20 ~ 30	10 ~ 20	<10	>200	120 ~ 200	80 ~ 120	<80
>700	16.5	17.5	18.5	19.5	5.5	7.5	8.5	10.0	7.5	8.0	10.0	11.0
650 ~ 700	16.0	17.0	18.0	19.0	5.0	7.0	8.0	9.0	7.0	7.5	9.0	10.5
600 ~ 650	15.5	16.5	17.5	18.5	4.5	6.5	7.5	8.0	6.5	7.0	8.0	9.0
>600	15.0	16.0	17.0	18.0	4.0	5.5	7.0	7.0	6.0	6.5	7.0	8.0

表 7 - 17　唐山市花生施肥指标体系

产量/ （kg/亩）	N 用量/（kg/亩）				P₂O₅用量/（kg/亩）				K₂O 用量/（kg/亩）			
	有机质/（g/kg）				有效磷/（mg/kg）				速效钾/（mg/kg）			
	>20	15 ~ 20	10 ~ 15	<10	>30	20 ~ 30	10 ~ 20	<10	>200	120 ~ 200	80 ~ 120	
>400	6	7	8	9	4	5	6	7	3	4	6	
350 ~ 400	5.5	6.5	7.5	8.5	3	4	5	6	2	3	5.5	
300 ~ 350	5	6	7	8	2.5	3.5	4.5	5.5	少施	2.5	5	
<300	4	5	6	7	2	3	4	5	不施	2	4	

表 7 - 18　唐山市水稻施肥指标体系

产量/ （kg/亩）	N 用量/（kg/亩）				P₂O₅用量/（kg/亩）				K₂O 用量/（kg/亩）			
	有机质/（g/kg）				有效磷/（mg/kg）				速效钾/（mg/kg）			
	>25	15 ~ 25	<15	>35	25 ~ 35	15 ~ 25	<15	>200	150 ~ 200	100 ~ 150	<100	
>650	16	17	17.5	18	5	6	6.5	7	3	4	4.5	
600 ~ 650	15	16	16.5	17	4	5	5.5	6	2	3	3.5	
550 ~ 600	14	15	15.5	16	3	4	4.5	5	少施	2	2.5	
<550	13	14	14.5	15	2	3	3.5	4	不施	少施	1.5	

三、唐山市主要作物施肥配方制定

依据施肥指标体系，根据不同作物种植区域、产量水平、土壤肥力状况，确定作物施肥配方。配方原则是大配方、小调整，根据具体情况，个别地区进行配比小调整。配方制定后，与企业协商，看能否满足生产工艺，如不满足，做小调整，直到满足。唐山市主要作物测土配方施肥建议如表 7-19 至表 7-23 所示。

表 7 - 19 唐山小麦测土配方施肥建议卡

分级指标		氮肥 (N)			磷肥 (P₂O₅)					钾肥 (K₂O)				
有机质/ (g/kg)	目标产量/ (kg/亩)	总量	基肥	追肥	有效磷/ (mg/kg)	目标产量/ (kg/亩)	总量	基肥	追肥	速效钾/ (mg/kg)	目标产量/ (kg/亩)	总量	基肥	追肥
>20	>400	14	4.7	9.3	>30	>400	7	7	不施	>200	>400	5	5	不施
	350~400	13	4.3	8.7		350~400	6	6	不施		350~400	4.5	4.5	不施
	300~350	12	4	8		300~350	5	5	不施		300~350	4	4	不施
	<300	11	3.7	7.3		<300	4	4	不施		<300	3.5	3.5	不施
15~20	>400	15	5.0	10.0	20~30	>400	8	8	不施	120~200	>400	6	6	不施
	350~400	14	4.7	9.3		350~400	7	7	不施		350~400	5.5	5.5	不施
	300~350	13	4.3	8.7		300~350	6	6	不施		300~350	5	5	不施
	<300	12	4	8		<300	5	5	不施		<300	4.5	4.5	不施
10~15	>400	16	5.3	10.7	10~20	>400	9	9	不施	80~120	>400	7	7	不施
	350~400	15	5	10		350~400	8	8	不施		350~400	6.5	6.5	不施
	300~350	14	4.7	9.3		300~350	7	7	不施		300~350	6	6	不施
	<300	13	4.3	8.7		<300	6	6	不施		<300	5.5	5.5	不施
<10	>400	17	5.7	11.3	<10	>400	10	10	不施	<80	>400	8	8	不施
	350~400	16	5.3	10.7		350~400	9	9	不施		350~400	7.5	7.5	不施
	300~350	15	5	10		300~350	8	8	不施		300~350	7	7	不施
	<300	14	4.7	9.3		<300	7	7	不施		<300	6.5	6.5	不施

表7-20　唐山玉米测土配方施肥建议卡

分级指标		氮肥（N）			分级指标		磷肥（P₂O₅）			分级指标		钾肥（K₂O）		
有机质/(g/kg)	目标产量/(kg/亩)	肥料用量/(kg/亩) 总量	基肥	追肥	有效磷/(mg/kg)	目标产量/(kg/亩)	肥料用量/(kg/亩) 总量	基肥	追肥	速效钾/(mg/kg)	目标产量/(kg/亩)	肥料用量/(kg/亩) 总量	基肥	追肥
>20	>700	16.5	5.5	11.0	>30	>700	5.5	5.5	不施	>200	>700	7.5	7.5	不施
>20	650~700	16	5.3	10.7	>30	650~700	5.0	5.0	不施	>200	650~700	7.0	7.0	不施
>20	600~650	15.5	5.2	10.3	>30	600~650	4.5	4.5	不施	>200	600~650	6.5	6.5	不施
>20	<600	15	5.0	10.0	>30	<600	4.0	4.0	不施	>200	<600	6.0	6.0	不施
15~20	>700	17.5	5.8	11.7	20~30	>700	7.5	7.5	不施	120~200	>700	8.0	8.0	不施
15~20	650~700	17	5.7	11.3	20~30	650~700	7.0	7.0	不施	120~200	650~700	7.5	7.5	不施
15~20	600~650	16.5	5.5	11.0	20~30	600~650	6.5	6.5	不施	120~200	600~650	7.0	7.0	不施
15~20	<600	16	5.3	10.7	20~30	<600	5.5	5.5	不施	120~200	<600	6.5	6.5	不施
10~15	>700	18.5	6.2	12.3	10~20	>700	8.5	8.5	不施	80~120	>700	10.0	10.0	不施
10~15	650~700	18	6.0	12.0	10~20	650~700	8.0	8.0	不施	80~120	650~700	9.0	9.0	不施
10~15	600~650	17.5	5.8	11.7	10~20	600~650	7.5	7.5	不施	80~120	600~650	8.0	8.0	不施
10~15	<600	17	5.7	11.3	10~20	<600	7.0	7.0	不施	80~120	<600	7.0	7.0	不施
<10	>700	19.5	6.5	13.0	<10	>700	10.0	10.0	不施	<80	>700	11.0	11.0	不施
<10	650~700	19	6.3	12.7	<10	650~700	9.0	9.0	不施	<80	650~700	10.5	10.5	不施
<10	600~650	18.5	6.2	12.3	<10	600~650	8.0	8.0	不施	<80	600~650	9.0	9.0	不施
<10	<600	18	6.0	12.0	<10	<600	7.0	7.0	不施	<80	<600	8.0	8.0	不施

表 7-21 唐山花生测土配方施肥建议卡

氮肥 (N)					磷肥 (P₂O₅)					钾肥 (K₂O)				
分级指标		肥料用量/(kg/亩)			分级指标		肥料用量/(kg/亩)			分级指标		肥料用量/(kg/亩)		
有机质/(g/kg)	目标产量/(kg/亩)	总量	基肥	追肥	有效磷/(mg/kg)	目标产量/(kg/亩)	总量	基肥	追肥	速效钾/(mg/kg)	目标产量/(kg/亩)	总量	基肥	追肥
>20	>400	6	2	4	>30	>400	4	4	不施	>200	>400	3	3	不施
	350~400	5.5	1.8	3.7		350~400	3	3	不施		350~400	2	2	不施
	300~350	5	1.7	3.3		300~350	2.5	2.5	不施		300~350	少施	少施	不施
	<300	4	1.3	2.7		<300	2	2	不施		<300	不施	不施	不施
15~20	>400	7	2.3	4.7	20~30	>400	5	5	不施	120~200	>400	4	4	不施
	350~400	6.5	2.2	4.3		350~400	4	4	不施		350~400	3	3	不施
	300~350	6	2	4		300~350	3.5	3.5	不施		300~350	2.5	2.5	不施
	<300	5	1.7	3.3		<300	3	3	不施		<300	2	2	不施
10~15	>400	8	2.7	5.3	10~20	>400	6	6	不施	80~120	>400	6	6	不施
	350~400	7.5	2.5	5		350~400	5	5	不施		350~400	5.5	5.5	不施
	300~350	7	2.3	4.7		300~350	4.5	4.5	不施		300~350	5	5	不施
	<300	6	2	4		<300	4	4	不施		<300	4	4	不施
<10	>400	9	3	6	<10	>400	7	7	不施	<80	>400	8	8	不施
	350~400	8.5	2.8	5.7		350~400	6	6	不施		350~400	7.5	7.5	不施
	300~350	8	2.7	5.3		300~350	5.5	5.5	不施		300~350	7	7	不施
	<300	7	2.3	4.7		<300	5	5	不施		<300	6	6	不施

表7-22 唐山水稻测土配方施肥建议卡

有机质/(g/kg)	氮肥(N) 分级指标 目标产量/(kg/亩)	氮肥(N) 肥料用量/(kg/亩) 总量	基肥	追肥	磷肥(P₂O₅) 分级指标 有效磷/(mg/kg)	磷肥 目标产量/(kg/亩)	磷肥 肥料用量/(kg/亩) 总量	基肥	追肥	钾肥(K₂O) 分级指标 速效钾/(mg/kg)	钾肥 目标产量/(kg/亩)	钾肥 肥料用量/(kg/亩) 总量	基肥	追肥
>20	>650	16	5.3	10.7	>30	>650	5	5	不施	>200	>650	3	3	不施
	600~650	15	5	10		600~650	4	4	不施		600~650	2	2	不施
	550~600	14	4.7	9.3		550~600	3	3	不施		550~600	少施	少施	不施
	<550	13	4.3	8.7		<550	2	2	不施		<550	不施	不施	不施
15~20	>650	17	5.7	11.3	20~30	>650	6	6	不施	120~200	>650	4	4	不施
	600~650	16	5.3	10.7		600~650	5	5	不施		600~650	3	3	不施
	550~600	15	5	10		550~600	4	4	不施		550~600	2	2	不施
	<550	14	4.7	9.3		<550	3	3	不施		<550	少施	少施	不施
10~15	>650	17.5	5.8	11.7	10~20	>650	6.5	6.5	不施	80~120	>650	4.5	4.5	不施
	600~650	16.5	5.5	11		600~650	5.5	5.5	不施		600~650	3.5	3.5	不施
	550~600	15.5	5.2	10.3		550~600	4.5	4.5	不施		550~600	2.5	2.5	不施
	<550	14.5	4.8	9.7		<550	3.5	3.5	不施		<550	1.5	1.5	不施
<10	>650	18	6	12	<10	>650	7	7	不施	<80	>650	5	5	不施
	600~650	17	5.7	11.3		600~650	6	6	不施		600~650	4.5	4.5	不施
	550~600	16	5.3	10.7		550~600	5	5	不施		550~600	3.5	3.5	不施
	<550	15	5	10		<550	4	4	不施		<550	2.5	2.5	不施

表 7 – 23　各县（市、区）主要作物施肥配方

县（市、区）	作物	配方	施用面积/（万亩）	占播种作物播种面积比例（%）
滦南县	小麦	16 – 10 – 22	2.0	9.1
		15 – 5 – 15	1.7	7.7
		16 – 9 – 10	2.5	11.4
		16 – 11 – 13	2.1	9.5
	玉米	15 – 10 – 10	1.8	3.0
		16 – 10 – 14	2.1	3.5
		16 – 10 – 22	2.0	3.3
	水稻	15 – 10 – 15	1.8	9.0
		15 – 10 – 10	2.2	11.0
		16 – 8 – 22	1.5	7.5
	花生	12 – 8 – 10	2.3	11.5
		15 – 10 – 15	2.0	10.0
		15 – 10 – 20	1.5	7.5
滦县	小麦	17 – 8 – 7.5	2.1	15
		15 – 6 – 7	1.5	10.7
	玉米	19 – 6 – 7.5	8	16.7
		17 – 5 – 7	6	12.6
	花生	7 – 6 – 7.5	2	8.9
		6.5 – 4.5 – 6	4	17.9
		6 – 5 – 5	0.3	1.3
唐海（曹妃甸）县	水稻	16 – 18 – 10	4.2	12.0
		16 – 20 – 10	5.8	16.6
		16 – 18 – 0	10.1	50.5
玉田县	小麦	15 – 8 – 6	2	6.3
		16 – 7.5 – 6	6	18.8
		17 – 7.5 – 6.5	1	3.1
	玉米	16 – 7 – 8	4	5.8
		15 – 6 – 7	11	16.0
		17 – 5.5 – 6	7	10.2

续表

县（市、区）	作物	配方	施用面积/（万亩）	占播种作物播种面积比例（%）
丰南区	小麦	18－24－8	3.0	18.6
		15－20－10	4.0	24.8
	玉米	18－15－15	5.0	17.9
		15－10－20	6.0	21.4
	棉花	20－20－10	2.0	13.3
	花生	18－15－17	2.5	31.3
	水稻	18－24－8	3.0	33.3
	番茄	13－18－14	1.0	25
丰润区	小麦	16－15－14	0.1	0.31
		15－12－16	0.1	0.31
	玉米	16－12－17	0.15	0.22
		15－12－18	0.20	0.30
	花生	15－11－19	0.03	0.22
		14－10－16	0.02	0.15
合并区域	棉花	18－20－6	1.2	9.2
		25－14－6	1.4	10.8
	玉米	15－12－18	2.4	15
		13－16－15	0.5	3.1
遵化市	小麦	18－12－15	1.0	7.4
		16－14－15	0.8	5.9
	玉米	15－12－18	2.0	5
		18－10－17	4.0	10
	花生	15－10－20	3.0	12
		18－10－17	1.0	4
迁安市	小麦	18－12－15	5.0	41.57
	玉米	18－12－15	10.0	27.2
		16－11－13	5.0	13.6
	花生	17－13－15	3.0	17.81
		15－11－14	2.0	11.87

续表

县（市、区）	作物	配方	施用面积/（万亩）	占播种作物播种面积比例（%）
迁西县	花生	13 – 5 – 3	1	20
		12 – 4 – 3	1	20
	玉米	17 – 5 – 4	3	15
		16 – 5 – 4	5	25
		15 – 4 – 3	3	15
	板栗	9 – 5 – 4	5	8

第五节　主要作物配方施肥技术

一、小麦配方施肥技术

配方施肥是冬小麦增产的重要措施，结合唐山市玉田县、丰润区等小麦主产区土壤肥力状况，提出冬小麦测土配方施肥技术如下。

（一）小麦需肥特点

冬小麦一生需氮、钾多，需磷相对较少，同时需要钙、镁、硫等中量元素和锌、硼、锰等微量元素。每生产 100kg 小麦需吸收氮（N）2.83kg，五氧化二磷（P_2O_5）1.25kg，氧化钾（K_2O）2.92kg。小麦一生吸收氮肥有两个高峰期，一是年前分蘖盛期，占总吸收量的 12% ~ 14%，另一个是拔节孕穗期，占总吸收量的 35% ~ 40%；小麦对磷肥吸收高峰期出现在拔节扬花期，占磷总吸收量的 60% ~ 70%；小麦对钾的吸收在拔节前较少，一般不超过总量的 10%，拔节孕穗期吸收钾最多，可达 60% ~ 70%。

（二）小麦施肥的一般原则

冬小麦施肥不要只考虑小麦，要将冬小麦—夏玉米全年两季统筹考虑，一般各占50%。磷肥重点在小麦上，如土壤速效磷含量较高，磷肥可全部用于小麦，玉米不施磷肥，如土壤含有效磷较少，再适量增加磷肥投入量的同时将 2/3 用于小麦，1/3 用于玉米；钾肥则相反，如土壤有效钾含量高，全部钾肥用于玉米，如土壤速效钾较少，则 1/3 用于小麦，2/3 用于玉米。小麦肥料投入的一般比例为：氮∶五氧化二磷∶氧化钾为 1∶0.7∶0.4；同时要增加有机肥和微量元素的用量。建议广大农民多施用有机肥，施用有机肥时一定要进行发酵，以减少土传病害。在微量元素肥料的使用中，小麦要增加锌肥和硼肥的使用，有条件的地方也可以施点锰肥，都具有较好的增产效果。

（三）小麦施肥量

要做到配方施肥必须先进行取土化验，根据取土测定所得土壤中的养分含量，结合小麦产量水平，根据小麦品种、田间水分管理条件等，参考唐山市小麦施肥指标体系表（见表 7 – 19），计算出施肥量。另外，在麦区一般可亩施有机肥 1500kg 以上；缺锌、硼的地区可每亩底施硫酸锌 1kg、硼砂 0.5kg。

（四）小麦施肥技术

1. 基肥

有机肥全部用作基肥，每亩用量 3～4t，均匀撒施后耕翻；部分氮肥、全部磷肥和全部钾肥也作基肥。氮肥合理的基肥与追肥比例为：高肥力麦田 4：6，中肥力麦田 5：5，低肥力麦田 7：3。

2. 冬前追肥

根据苗情进行冬前追肥，占追肥总量的 10%。若苗情好，冬前不追肥，则将该部分用量增加到拔节孕穗肥。

3. 春季追肥

根据土壤墒情和苗情，如需浇返青水，则追施返青肥，占追肥总量的 40%，施用拔节孕穗肥，占追肥总量的 50%。如不需浇返青水，施用拔节孕穗肥，占追肥总量的 90%。

4. 根外追肥

在灌浆期叶面可喷施 0.2% 磷酸二氢钾或 0.5%～1% 的尿素 1～2 次，间隔 7d。

二、玉米配方施肥技术

玉米是唐山市主要的夏粮作物，在玉米生产中，还存在有施肥种类与数量不合理、施肥时期与方法不当等问题。根据玉米的需肥规律，结合玉田、丰润等县区玉米生产实际，提出玉米施肥技术如下。

（一）玉米的需肥特点

已有资料表明：亩产 500～700kg 情况下，每生产 100kg 玉米籽粒需从土壤中吸取 N 2.5～2.6kg、P_2O_5 0.8～0.9kg、K_2O 2.3～2.4kg。此外还要吸收一些锌、硼、钼等微量元素。玉米一生中，苗期因植株小，生长慢，对三要素的吸取量少，拔节期至抽雄开花吸收量多，开花授粉后吸收速度逐渐减慢减少。

（二）玉米施肥数量

根据取土测定所得土壤中的养分含量，结合玉米产量水平，结合玉米品种，查对唐山市玉米施肥指标体系表（见表 7-20），计算出施肥量。

（三）玉米施肥技术

基肥。施用单质或复混（合）肥料，将 50% 氮肥、全部磷肥和钾肥随播种施入；施用缓释肥料，将全部氮、磷、钾肥随播种一次性施入。种肥要隔离。

追肥。大喇叭口期穴施或沟施氮肥总用量的 50%。抽雄至开花期有缺肥现象，可追施尿素 5～10kg/亩。

施用锌肥。基施硫酸锌 1kg/亩。

化肥要深施、穴施、耧施或开沟条施，深度 10～15cm，苗期适当浅施，中后期适当深些，每次追肥后要及时浇水。

三、水稻配方施肥技术

配方施肥是水稻增产的重要措施，结合唐海（曹妃甸）县、乐亭县、滦南县等水稻种植区域生产实际，提出水稻测土配方施肥技术如下。

（一）水稻的需肥特点

水稻对氮素营养十分敏感，是决定水稻产量最重要的因素；对磷的吸收量远比氮肥低，平均约为氮量的一半，但是在生育后期仍需要吸收较多的磷；对钾吸收量高于氮，表明水稻需要较多钾素，但在水稻抽穗开花以前其对钾的吸收已基本完成。每100kg稻谷需要吸收氮素（N）2.0~2.4kg，五氧化二磷（P_2O_5）0.9~1.4kg，氧化钾（K_2O）2.5~2.9kg，综合考虑土壤供应能力，肥料利用效率以及生产水平等因素，在土壤养分中等的情况下，施用肥料中氮、磷、钾配比应为1：0.5：0.9左右。

（二）水稻施肥量

根据取土测定所得土壤中的养分含量，结合水稻产量水平，查对唐山市水稻施肥指标体系表（见表7-21），计算出施肥量。

（三）水稻施肥技术

基肥。15%的氮肥、全部磷肥、全部钾肥水耙地后插秧前施入作为基肥。

蘖肥。分蘖期的氮素化肥分为3次施入。缓秧后第一次的氮肥，施氮量占总量的20%，同时追施硫酸锌1.5~2kg/亩；间隔5~7d施第二次氮肥，占总量的15%~20%；第三次蘖肥要根据苗情施保蘖肥，占总量的15%。

穗肥。结合前期的施肥情况，巧施穗肥。分2次施入，第一次在穗分化始期施氮肥总量的20%，第二次在减数分裂期施氮肥总量的20%~25%。

四、花生配方施肥技术

配方施肥是花生增产的重要措施，结合滦南县、滦县等花生种植区域生产实际，提出花生测土配方施肥技术如下。

（一）花生的需肥特点

花生中含有丰富的蛋白质和脂肪，要形成这些物质，需要大量的养分。研究表明，每生产100kg花生荚果需要纯氮（N）6.8kg，五氧化二磷（P_2O_5）1.3kg，氧化钾（K_2O）3.8kg。需氮最多，钾次之，磷最少。花生对氮、磷、钾三要素的吸收量是两头少、中间多。苗期由于生长缓慢，吸收养分少，氮、磷、钾的吸收量仅占全生育期吸收总量的5%左右，开花期是花生植株迅速生长时期，此期大量开花扎锥，对养分需求量多，早熟品种对氮、磷、钾的吸收量达到最大，占吸收总量的一半以上，晚熟品种开花期对钾的吸收量接近一半，对氮、磷的吸收结荚期达到最高，占一半以上。成熟期根系吸收能力减弱，对养分的吸收减少。

（二）花生施肥量

根据取土测定所得土壤中的养分含量，结合花生产量水平，查对唐山市花生施肥指标体系表（见表7-22），计算出施肥量。

（三）花生施肥技术

花生施肥包括基肥、追肥、叶面喷肥和微量元素施肥。

基肥。提倡应用有机肥，有机肥全部用作基肥，每亩用量 1~2t，均匀撒施后耕翻；1/2 氮肥、全部磷肥和钾肥作基肥一次性施入。

追肥。花针期将剩余的 1/2 氮肥一次性追施。

叶面喷肥。盛花后至扎针期叶面喷施 0.2% 磷酸二氢钾 + 多菌灵 2~3 次，间隔 7d。

微量元素施肥。钼酸铵拌种或作基肥，拌种用量 20g/亩，基肥用量 300g/亩；或苗期和花期用 0.1% ~0.2% 钼酸铵溶液叶面喷施，每次每亩 50~80L。苗期、始花期、盛花期各喷一次 0.2% 硼砂溶液，每次每亩 50~80L。

第八章　耕地资源合理利用

第一节　耕地资源现状

（一）耕地数量现状

1. 人口增加，耕地资源数量少

1982年唐山市耕地面积893.82万亩，人口593.13万人，人均耕地面积1.51亩。到2010年，全市耕地减少到846.5万亩，人口增加到735.00万人，人均耕地面积降至1.15亩。从变化趋势看，近年来全市人口会呈现逐年上升的趋势，并且随着全市经济的发展，经济建设用地逐年上升，唐山市人均占有耕地面积仍会逐年降低。

2. 耕地后备资源匮乏

近年来，国家实行的最严格的耕地保护和占补平衡政策，通过土地整理、复垦，平整垦复土地，将可开发利用的荒地、闲散废弃地和未恢复耕地等改造为耕地，补充了部分耕地数量，但由于耕地后备资源较少，而且开发整理难度加大，土地整理、复垦新增加的耕地数量无法弥补非农建设用地的数量。

（二）耕地质量现状

1. 中低产田所占比例较大

根据本次地力评价结果，唐山市1级、2级地3759791.0亩，占耕地总面积的45.6%；3级、4级地3520366.0亩，占耕地总面积的42.8%；5级、6级地959057.3亩，占耕地总面积的11.6%。其中，低产田主要分布在低山和丘陵区、滨海盐地、河谷阶地的沙土区，土壤以粗骨土、石质土、风沙土和新积土等为主。中低产田的粮食产量水平低，制约着全市粮食产量水平提高，因此，耕地质量建设是今后全市农业发展的关键。

2. 耕地土壤养分总体呈现增加趋势

本次测土配方施肥测定16个县区共56361个土壤样品。结果表明：土壤有机质、全氮、有效磷、速效钾分别平均为12.87~18.88g/kg、0.71~1.18g/kg、24.56~31.63mg/kg、67.97~151.08mg/kg。与1982年土壤普查比较，30年间土壤有机质、全氮、有效磷、速效钾分别增加2.0%，15.1%~23.9%，314.9%~459.5%，3.8%~51.3%。

第二节　耕地资源合理利用的对策与建议

一、耕地资源合理利用的对策

耕地资源合理利用的原则，是以土地本身的理化性状及其环境条件为依据，通过对农、林、牧各业用地的土地特征和生态环境条件综合分析（包括地形地貌、气候特点、成土母质、植被类型和水文情况），找出影响耕地地力主要因素，并根据这些因素提出耕地资源合理利用的对策。依据唐山市的气候特点、土壤类型、土壤养分状况以及农业经济发展，提出耕地资源合理利用的对策。

（一）优化调整农业结构，大力发展特色农业

在保持现有粮食生产能力的前提下，按照宜粮则粮、宜油则油、宜棉则棉、宜菜则菜、宜果则果的原则，积极调整农业种植结构，大力发展全市农业特色优势产业，提高耕地的综合生产能力，实现农业增效、农民增收。北部低山丘陵区发展旱作农业，种植杂粮作物，发展林、果和中草药产业，中部山前平原区大力发展粮、棉、油和蔬菜产业，南部滨海平原区重点种植水稻和耐盐碱作物，发展渔业。

（二）改善农业生态环境，控制农业面源污染

科学施肥是合理利用和保护耕地资源的有效措施之一，全面推广测土配方施肥技术，完善不同区域、不同农作物的测土配方施肥指标体系，逐步实现测土配方施肥工作的规范化和标准化，改变传统施肥方式，减少化肥浪费，提高肥料的利用率；以无公害、绿色产品基地建设为契机，提高有机肥使用比例，秸秆还田培肥土壤肥力，实现农田生态系统良性循环，达到以水促肥、以肥调水，全面提升土肥水利用效率，促进农业增产增效。

（三）加强耕地质量建设，促进现代农业可持续发展

一是完善耕地质量建设法规，明晰责任。加快立法步伐，将耕地质量建设与管理纳入法制轨道。明确各级政府是依法进行耕地保护的第一责任人，强化政府在耕地质量建设中的主导地位，将质量管理纳入各级政府考核目标，质量评定细化入法；确立耕地质量建设长效投入机制，确定预算安排、出让金分成。二是积极实施高标准农田建设、土地开发整理和复垦、沃土工程等涉及耕地质量建设的项目。三是非农建设项目占用耕地时，农业行政主管部门要先行对被占耕地的质量进行等级鉴定，并出具耕地鉴定等级报告；与相关部门共同对补充耕地进行质量验收，并出具补充耕地质量验收评估报告。占用耕地的单位，应按耕地质量等级鉴定报告，补充与其质量相当的耕地。四是建立健全耕地质量监测体系和预警预报系统，对耕地地力、墒情和环境状况进行监测与评价。

二、不同区域耕地资源利用与改良建议

根据唐山市耕地资源特点、现有基础和发展潜力，以地形地貌、土壤母质区域划分为基础，结合土壤质地和养分状况，耕地利用与保育，本着区别差异性、归并同一性原

则，将全市耕地资源划分为北部低山丘陵、中部山前平原和南部滨海平原区，分区采取不同耕地资源利用和建设措施。

（一）不同区域划分原则

以提高经济效益为中心，因地制宜。分区的目的是为科学利用耕地资源，最大限度地发挥其潜力，使土壤不断提高其肥力水平，以适应生产的发展和作物高产稳产的要求，并保持生态平衡。即是宜农则农，宜牧则牧，宜渔则渔，调整好农、林、牧各业的生产结构和利用布局，使其各区有明显的发展方向，使不同土壤资源发挥其最大优势，达到土壤肥力不断提高，产量不断上升。

地貌单元完整，主攻方向一致。坚持土壤组合，地形地貌，水文地质等基本一致，利用方向和改良措施基本相同，尽量保持自然单元和景观系统，而不被割裂。亚区是在区的基础上进一步划分既要使土壤组合、肥力状况和改良利用措施更加一致，又要使亚区边界与行政区界相吻合，以便于统一规划，统一领导；土壤和自然条件更能发挥其优势和潜力。

（二）不同区域耕地资源利用和改良建议

具体措施详见表 8-1。

表 8-1　耕地土壤保育与持续利用

区	名称	分布范围	主要土壤类型	主要问题	耕地资源合理利用措施	面积/亩
I	北部低山丘陵林、果、牧水土保持区	长城以南，京山公路以北，海拔 50m 以上的地区包括迁西、遵化两县的全部，丰润区、迁安市、玉田县、滦县北部	棕壤、棕壤性土、淋溶褐土、褐土性土	①干旱缺水 4～5 月"卡脖旱"严重；②部分土壤粗骨；③地表覆盖率低、水土流失严重	①植树、种草提高地表覆盖率；②保持水土	6057117
	①低山林、牧蓄水区	长城沿线包括遵化市、迁西县、迁安市北部	棕壤、棕壤性土、淋溶褐土	①干旱缺水；②热量不足	①防水土流失；②发展板栗、核桃干果经济林	1945300
	②丘陵林、果、牧、杂粮区	遵化市中南部、迁西县滦河以南、迁西县北部、西部、玉田县、丰润区北部，滦县东北部	淋溶褐土、褐土性土、潮褐土	①干旱缺水，多无灌溉条件；②水土流失严重	①丘陵地石多土少，保水土补养分；②种植板栗、核桃、杂粮	2420526
	③川谷平原杂粮区	西起遵化市平安城，东至迁安市滦河滩 7 个较大盆地	潮褐土	培肥地力，增施有机肥，改善灌溉条件	提高复种指数，种植杂粮、甘薯、花生、果树如苹果、葡萄等	1691291

续表

区	名称	分布范围	主要土壤类型	主要问题	耕地资源合理利用措施	面积/亩
II	中部山前平原粮、棉、油区	位于中部，海拔5~50m，包括玉田县、丰润区、滦县、乐亭县大部、部分丰南区、迁安市	潮褐土、潮土	氮磷肥用量较高，肥料利用率低	控氮磷适量补钾、秸秆还田。低洼地控盐碱、降低土壤黏重问题	6640669
	①山前平原粮、油、棉区	丰润区、玉田县平原，滦南县、乐亭县平原	潮褐土、潮土	氮磷肥用量较高，肥料利用率低	控氮磷适量补钾、秸秆还田。低洼地控盐碱、降低土壤黏重问题	4017996
	②山前平原沙土区	包括迁安市、滦县、滦南县大部，丰南区东部	潮褐土、潮土、风沙土	沙地，保肥水差	花生等油料或豆科作物与春玉米轮作、甘薯等	1658852
	③山前平原低洼地区	玉田县、丰润区南部洼地和玉田县洼碱地	湿潮土、沼泽土、盐化潮土	①土质黏重、排水困难，②土体中障碍层次有砂姜；③洼碱相伴，涝碱相随，土壤盐化	①增施有机肥；②井渠结合深沟排碱	963821
III	南部滨海平原区	海拔1.6m以下滨海低平原包括唐海（曹妃甸）县大部分，丰南区、滦南县、乐亭县部分，芦台、汉沽农场全部	潮土、滨海盐土	土壤含盐量高、淡水资源贫乏	种水稻，含盐量较低区域可适量种植棉花等	4137698
	①水旱轮作亚区	芦台、汉沽两农场大部分和唐海（曹妃甸）县部分	泻湖沉淀黏质盐渍型水稻土、盐化潮土	土体中含盐量高，地下水位高，土质黏重	①完善排灌系统；②实行水旱轮作	538017
	②水稻区	位于海拔1~1.2m范围内汉沽、芦台农场、唐海（曹妃甸）县水旱轮区之外和滦南柏各庄、杨岭两个乡	盐渍型水稻土	土壤含盐高，地下水矿化度高，距海近排盐困难	①根据含盐程度适当调整渠道间距；②种植水稻	365545
	③盐改培肥新稻区	包括丰南区、滦南县、乐亭县南部海拔低于1.5m低平原	潮土、盐化潮土	土壤盐化影响作物出苗，保苗和正常生长	种水稻	1589332
	④滨海种植养殖综合利用区	包括乐亭县、唐海（曹妃甸）县海岸沿线，滦南县柳赞、南堡和丰南黑沿子	陆地部分滨海盐土、滨海草甸盐土	地下水位高，土壤含盐量高	①拉荒洗盐种稻；②养草、植苇、养鱼虾	1644804

附　　图

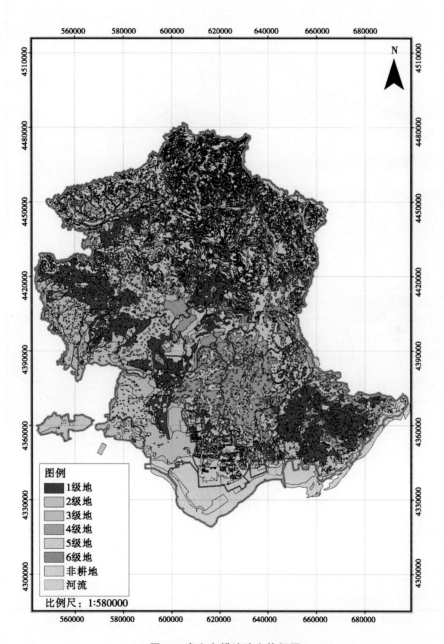

图一　唐山市耕地地力等级图

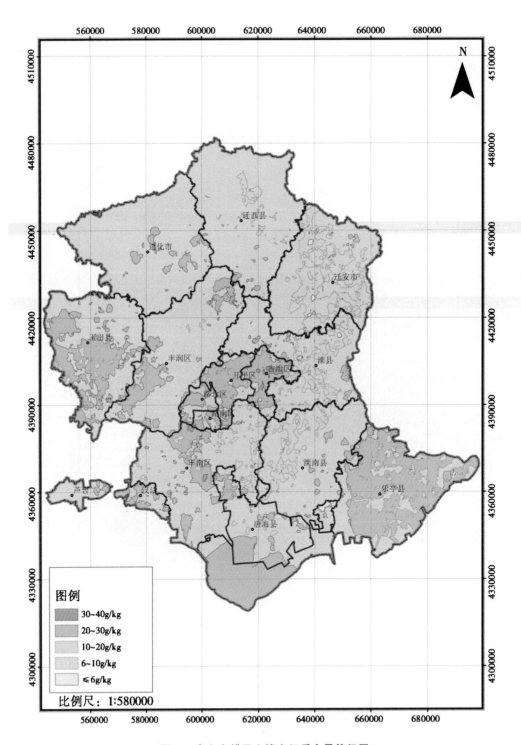

图二　唐山市耕层土壤有机质含量等级图

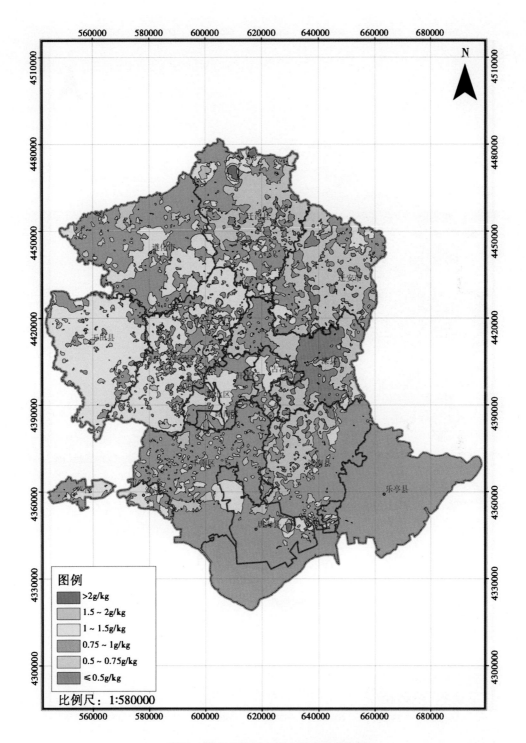

图三　唐山市耕层土壤全氮含量等级图

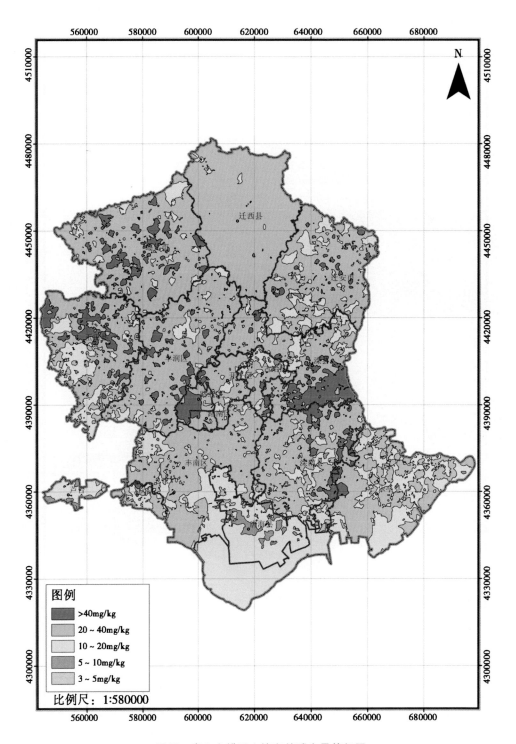

图四　唐山市耕层土壤有效磷含量等级图

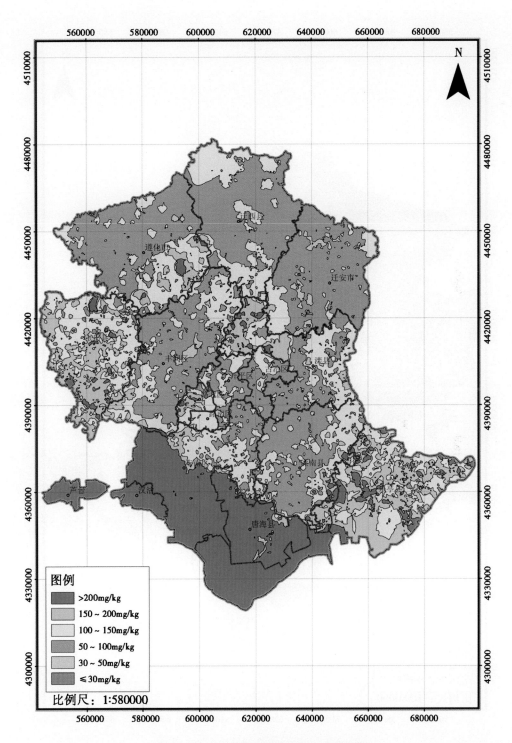

图五 唐山市耕层土壤速效钾含量等级图

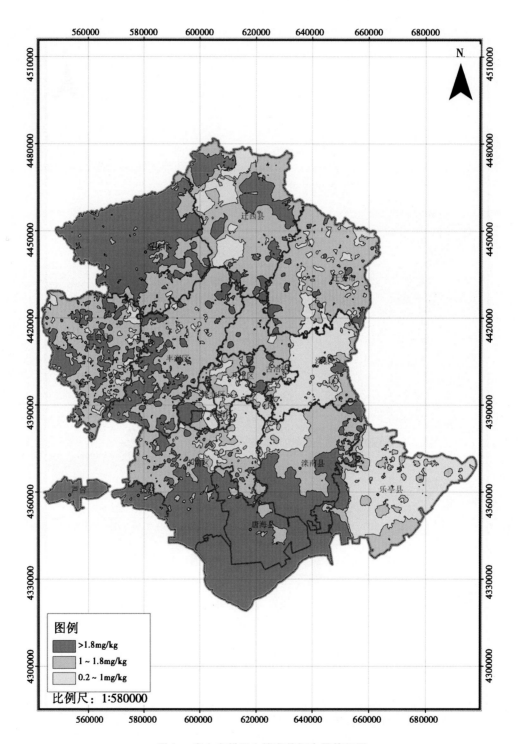

图六　唐山市耕层土壤有效铜含量等级图

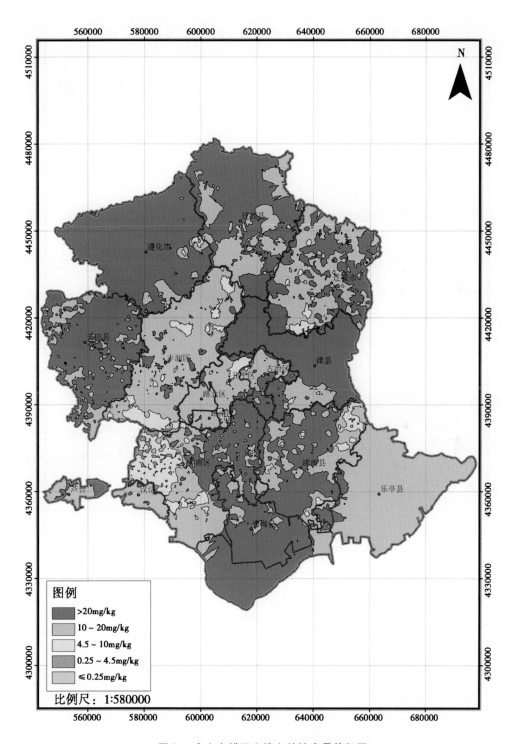

图七　唐山市耕层土壤有效铁含量等级图

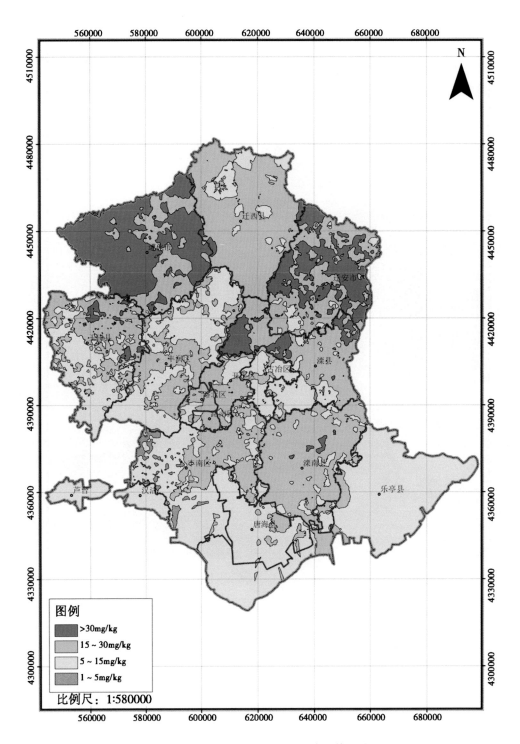

图八　唐山市耕层土壤有效锰含量等级图

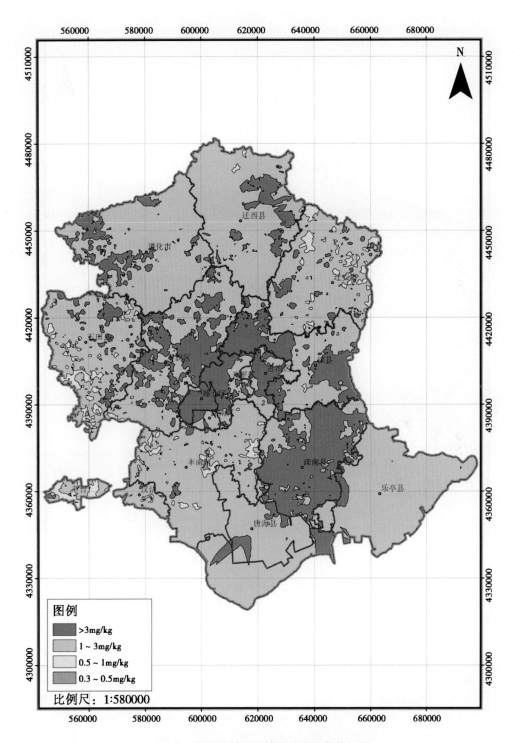

图例

- >3mg/kg
- 1 ~ 3mg/kg
- 0.5 ~ 1mg/kg
- 0.3 ~ 0.5mg/kg

比例尺：1:580000

图九　唐山市耕层土壤有效锌含量等级图

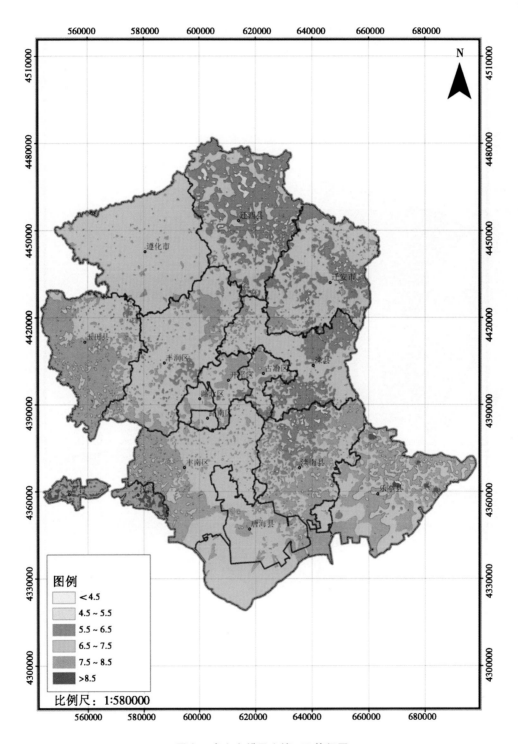

图十　唐山市耕层土壤 pH 等级图

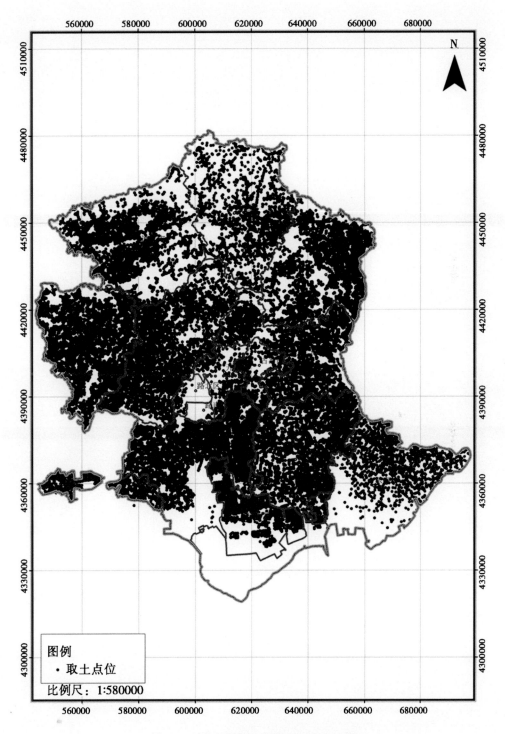

图十一　唐山市耕层土壤取土点位分布图